JN096574

Tableau Public

実践 BIツール データ活用

100本ノック

下山輝昌・伊藤淳二・武田晋和・髙本直矢・中村 智[共著]

秀和システム

本書サポートページ

●秀和システムのウェブサイト
https://www.shuwasystem.co.jp/

●本書ウェブページ
本書の学習用サンプルデータなどをダウンロード提供しています。
https://www.shuwasystem.co.jp/support/7980html/7055.html

注　意

・本書は著者が独自に調査した結果を出版したものです。
・本書は内容において万全を期して製作しましたが、万一不備な点や誤り、記載漏れなどお気づきの点がございましたら、出版元まで書面にてご連絡ください。
・本書の内容の運用による結果の影響につきましては、上記2項にかかわらず責任を負いかねます。あらかじめご了承ください。
・本書の全部または一部について、出版元から文書による許諾を得ずに複製することは禁じられています。
・本書の情報は執筆時点のものです。各社が提供しているサービス、商品の価格、無料トライアル期間、なども執筆時点のものです。サービスの変更や価格改定や終了などする場合があります。あらかじめご了承ください。

商　標

・Tableau、Tableau Public、Tableau Desktop、およびその他のTableau 製品は、Tableau Software, LLC, Salesforce Companyの、日本および米国、その他の国における商標または登録商標です。
・本書では TM Ⓡ Ⓒ の表示を省略していますがご了承ください。
・その他、社名および商品名、システム名称は、一般に各開発メーカの登録商標です。
・本書では、登録商標などに一般に使われている通称を用いている場合がありますがご了承ください。

はじめに

　「DX」や「AI」の話題が尽きない昨今、デジタル技術を使わないで仕事をすることはもう皆無と言ってよいのではないでしょうか。そして、DXやAIの中心にあるのはデータであり、今後もデータを中心に多様なビジネス展開が期待できるでしょう。データ活用スキルは「現代の読み書きそろばん」と謳われ、今後の教養になっていくと言っても過言ではありません。そんな中私たちは、2019年に「Python100本ノックシリーズ」を刊行し、多くのエンジニアの方々の手に取っていただきました。実践本として、Pythonを業務の中でどう活用していくか、そのイメージを持って貰えたのではないかと思っています。

　これまでの100本ノックシリーズは、プログラミング言語であるPythonをテーマに扱ってきました。データサイエンスやAI開発の分野で最もメジャーであり、必須な技術と考えるためです。ただ現場を経験する中で進めたいものは他にもあります。それは「SQL」と「BIツール」です。中でもBIツールは、使いこなせれば効率が2倍以上違ってきます。業務が大きく変わると言ってよいでしょう。BIツールはデータの可視化と分析での利用が中心となるので、操作方法や技術的な説明だけでなく、どんな場面でどう使うかといった活用技術も求められます。しかし現状では「実践型」の本は存在しないのではないでしょうか。

　そこで本書では、実践型というこれまでの100本ノックシリーズのコンセプトを活かしつつBIツールの使い方を覚えていきます。ノック形式でBIツールを使いながら業務での活用方法を学んでいきますので、本書を読み終わる頃には、BIツールの使い方だけでなく活用するための思考が自然と身についていることでしょう。BIツールならではの要素も学んでいきます。

　本書で利用するのは、Tableauの無料版であるTableau Public です。PowerBIなど無料のBIツールも多い中、Tableauは有料でありながらもその価値の高さから非常に高い人気を誇っています。無料版のTableau Publicは保存する際にデータが公開されてしまうため、基本的には業務で使用することはできませんが、操作を覚えるのであれば十分な仕様です。是非Tableau、引いてはBIツールの価値を体験してみてください。

本書の内容

　本書の第 1 部では、Tableau の基本的な操作を覚えていきます。続く第 2 部では読者の皆さんがデータサイエンティストになって案件を任されたと仮定し、様々な角度からグラフの解釈をする、という作業を進めていきます。第 3 部では、解釈した結果を現場で改善するための施策としてダッシュボードを作成します。そして最後の第 4 部で BI ツール活用の発展テクニックを体験して、より幅広い知識と技術を身に着けましょう。

　本書は、これからデータ分析の世界に飛び込もうとしている人にとって有益なものになると考えています。Python というプログラミングの難しさを感じている人は BI ツールから入るのも 1 つの手ですので、是非挑戦してみてください。既に Python を使いこなしている方々も、まだ BI ツールを使っていないなら、より効率的かつ効果的なデータ分析ができるようになります。それでは、楽しみながら進めていってください！

第**1**章 Tableauを扱えるようになるための20本ノック

1

ノック

第**2**章 データの全体像を把握する 10本ノック　**85**

第**3**章 優良顧客を定義する10本ノック 〜 RFM分析〜　**115**

第**3**部 **ダッシュボード編**

第**6**章 見やすいダッシュボード向け グラフを作るための10本ノック **257**

ノック

第**1**章
Tableauを扱えるようになるための20本ノック

　今後、ますますデータが増大していく社会において、データを可視化してインサイトを得るということが当たり前になっていくでしょう。その社会の中で、BI(Business Intelligence)ツールを使いこなすスキルは素養と呼ばれるほどに誰もが必ず身に付けるべきスキルとなってきています。本書で取り扱うTableauはBIツールの一種であり、私たちがグラフを可視化して新たなインサイトを得るのをサポートしてくれる強力なツールです。データ分析を行う際には必須のツールといっても過言ではありません。

　そこで本章ではTableauの基本的な使い方を説明していきます。本書ではTableauの中でも無料で使用できるTableau Publicを使用していきます。有償版のTableau Desktopと比べて一部の機能制限や利用の際の注意点はありますが、Tableauの操作を身に付けて、Tableauというツールの価値を体験するには十分なツールとなっています。本章では、Tableau Publicのインストールから始まり、データの読み込み、基本的なグラフやフィルターなどの操作を身に付けていきます。既にTableauをご利用の方にとってはご存じの内容が多くなり、新しい発見が少ないかもしれません。そのような方は第2章から読み始めていただいて構いません。

　それでは、Tableauさらにはデータ分析の世界へ飛び込んでいきましょう！

あなたの置かれている状況

　あなたの業務は知識が属人的になりがちで、そこに携わるあなたも仕事を人に渡せず、日々の業務に追われています。今の仕事のやり方をどうにかしたいという想いを持ちながらも、なかなかそこに踏み出せずにいます。そんなある日、上司から「うちの会社にも色んなデータが眠っているのだから、これを使って改善とか面白いことをやってみろと言われている」という相談を受けました。

　仕事は忙しいけれども、これは何かを変えるチャンスなのでは？　と頭を切り替えて少し調べてみると、データを分析してデータから意思決定ができるようになれば属人化が解消されて、仕事を効率化できるのではないか？という考えが芽生えてきました。

　そこでデータ分析をもう少し調べたところ、BIツールを使うのが常識らしいということがわかり、その中でもTableauというツールが気になりました。じっくり勉強している時間はないので、軽く触ってみて、もしよさそうならちょっと頑張ってみようかな？　と思い始めています。

前提条件

　本章の20本ノックでは、国土交通省のオープンデータを使用します。全国の道路の交通量を箇所別、時間帯別に集計した表となります。データは表に示した6個となります。

　箇所別基本表は道路の区間ごとに集計したデータで、時間帯別交通量表はそのポイントの交通量を1時間ごとの時系列で集計したデータです。時間帯別交通量表はCSVとExcelがありますが、機械が処理しやすい形に整形されたCSVファイルと人間にとって見やすいExcelファイルとの違いを説明するために用意しています。箇所別基本表関連マスタは下記URLの「箇所別基本表及び時間帯別交通量表に関する説明資料」をもとに一部のマスタを著者が作成したファイルです。

■表：データ一覧

No.	ファイル名	概要
1	kasyo11.csv	埼玉県の箇所別基本表
2	kasyo13.csv	東京都の箇所別基本表
3	kasyo14.csv	神奈川県の箇所別基本表
4	zkntrf11.csv	埼玉県の時間帯別交通量表
5	zkntrf11.xlsx	埼玉県の時間帯別交通量表（Excel）
6	箇所別基本表関連マスタ.xlsx	箇所別基本表用に作成したマスタ（一部のみ）

出典：「平成27年度　全国道路・街路交通情勢調査」（国土交通省）

（https://www.mlit.go.jp/road/census/h27/index.html）

Tableau Publicを開こう

それでは、Tableau Publicを開いてみましょう。まずは環境を用意することから始めていきます。Tableau Publicは有償版のTableau Desktopと比較して利用できるデータソースなど一部機能制限がありますが、操作を学習するには十分な機能を備えている無償のBIツールです。ただし、Tableau Publicは作成したビューやダッシュボードがインターネット上に公開されてしまう（非公開にしてもURLが分かればアクセスできてしまう）ため、業務での利用には適さない点は十分に留意してください。

既にTableauを利用されている方は、Tableau PublicをダウンロードせずにTableau Desktopなどを使っていただいても問題ありません。

また、本書ではTableau Publicのバージョン2022.4を利用して説明しますが、他のバージョンでも本書で取り扱う基本的な操作は大きく変わりません。どうしてもバージョン差異が気になる方は、Tableau Desktopも14日間は無償でトライアル利用が可能ですので、そちらをご利用ください。

では、Tableau Publicに登録していきます。手順に従って進めていきましょう。まずは以下のURLにアクセスしてください。

```
https://public.tableau.com/app/discover
```

■図：Tableau Publicのトップページ

アクセスするとトップページが開きます。場合によっては英語表示の場合もあるので注意してください。

続いて「Tableau Publicに登録する」をクリックします。英語の場合は、「Sign Up for Tableau Public」になります。クリックするとアカウント登録の画面が出てくるので必要事項を入力してマイアカウントを作成してください。

図：Tableau Publicの登録画面

マイアカウントを作成すると登録したメールアドレスに確認のメールが届くので、メール内のリンクをクリックすることで登録が完了します。

これでTableau Publicを使用することはできますが、現状だとWebにアクセスして使用する形式（オンライン形式）となっています。Webアクセスがなくても使用できるように、Tableau Desktop Public Editionもダウンロードしておきましょう。

「作成」のところから「Tableau Desktop Public Editionのダウンロード」をクリックしてください。ページを移動し画面中央に「Tableau Publicをダウンロードする」と出てくるのでクリックします。もし、記入画面が表示された場合は、必要事項を記入してアプリケーションのダウンロードをクリックするとダウンロードが開始されます。

◼図：Tableau Desktop Public Editonのダウンロード

　ダウンロードフォルダに入っているTableauPublicDesktopのexeファイル
をダブルクリックしてインストールを行います。「Tableauへようこそ」と表示さ
れるので、「同意します」にチェックを付けてインストールを実行します。PCのセッ
トアップ状況によっては、**インストールの許可画面**が出ますので、画面が出た場
合は許可をクリックしてインストールを行ってください。インストールが完了す
ると Tableau Public が表示されます。また、PCのデスクトップ画面にも
Tableau Publicのショートカットが作成されます。

■ 図：Tableau Desktop Public Editionのインストール

2 データを読み込もう

　では続いて、Tableau Publicにデータを読み込ませてみましょう。まずは、冒頭の表にあるデータのうち、**埼玉県の箇所別基本表**を読み込んでみます。ダウンロードしたフォルダの中にファイルが用意されているので、そちらを使用します。今回のデータはCSV形式なので、画面左の接続の中から「テキストファイル」を選択します。選択すると開きたいファイルを指定する画面が出てくるので、1章のデータが格納されたフォルダを開いて「kasyo11.csv」を選択し、「開く」を押しましょう。

■図：データの読み込み

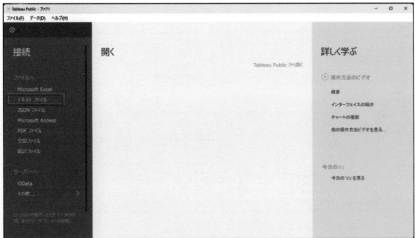

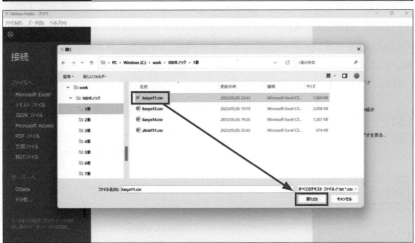

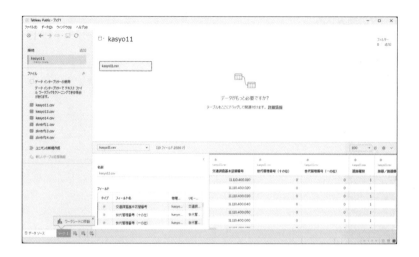

　読み込みが完了すると、項目の状態や値が画面に表示されます。画面右下の表を見ると、項目ごとの値の一部が表示されていることがわかります。それではこの画面の構成を確認していきますが、今の時点では細かく覚える必要はありません。1章が終わった頃に見返すとなるほどと思えるはずですので、まずは何が表示されているか認識できれば大丈夫です。

■図：データソース画面の構成

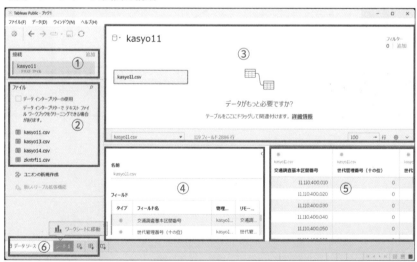

①接続

　Tableauで読み込んだファイルが表示されます。「追加」を押すと、読込済のファイルとは別のファイルも読み込むことができます。表示されているファイルの名前(今回であれば「kasyo11」)の上で右クリックするとメニューが表示され、「接続の編集」でファイルの変更、「名前の変更」で「kasyo11」を別の名前に変更できます。複数のデータを読み込んでも表示される名称は最初のままなので、慣れてきたら認識しやすい名前に変えて使うのがよいかと思います。また、複数のデータを読み込んでいる場合は、ここから「削除」を行うこともできます。

②ファイル

　読み込んだファイルと同じフォルダに置いてあるファイルが表示されます。表示されるのは読み込んだファイルと同じ形式のものになりますので、今回はCSVファイルが一覧表示され、Excelファイルは表示されません。同じ形式のファイルが表示されていることで複数ファイルのデータを扱いやすくなるのですが、それについては後のノックで説明します。

③データソースの選択とデータの繋がり

　現在Tableau上で、どのデータが読み込まれ、どう結合されているかを見ることができます。現状では「kasyo11」が読み込まれた状態です。後のノックでデータの結合を行いますので、そこで改めて説明します。

④名前とフィールド

　現在読み込まれているファイルの項目名(フィールド名)と、データ形式(タイプ)が表示されます。タイプの列をクリックするとメニューが表示され、数値型や文字列型などへの変換ができますが、別の画面で設定する方が多いかと思います。こちらも後のノックで説明します。

⑤フィールドと値

　各フィールドの値が上から100件表示されますので、読み込んだデータの中身がおかしな表示になっていないか、ここから確認しましょう。Tableauでは読み込んだデータの形式を項目ごとに自動で判断しますので、意図した形式でない場合は④のタイプを変更しましょう。右上の100という数字を変えると、表示する行数を変えることができます。

⑥ワークシートの切り替え

Tableauでは、1つのワークシートに1つのグラフを作ることができます。新しいグラフを作るとワークシートが増えていきますので、画面下のタブを選択することで表示を切り替えます。

それでは、画面左下のシート1を選択して、ワークシートに移動しましょう。

図：ワークシートに移動

ノック 3　グラフを作ってみよう

それでは、グラフを作っていくのですが、その前にワークシートの画面構成を見てみましょう。こちらが最もよく使う画面になりますので、よく使う機能を中心に基本的な画面構成を説明します。

■図：ワークシート画面の構成

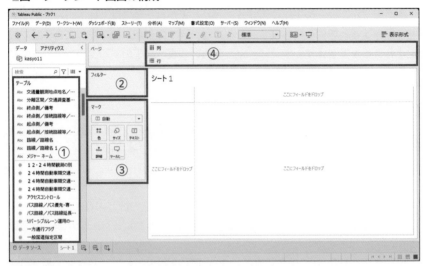

①データペイン

　左側のサイドバーのようなところを**データペイン**といい、こちらに読み込んだ
データの項目名が表示されています。データペインの上側に青色でアイコンが表
示されている項目は文字型や日付型などの定性的な値で、Tableauでは「**ディメ
ンション**」と呼びます。また、下側に緑色でアイコンが表示されている項目は数値
型の定量的な値であり、Tableauでは「**メジャー**」と呼びます。我々はよく、「ディ
メンション」を分析の切り口、「メジャー」を分析の指標として使っています。今回
の交通量データでは「どの路線を」という切り口（ディメンション）から、「何台」通っ
たかという指標（メジャー）で可視化して傾向を確認します。なお、Tableauでは
デフォルトで数値型以外はディメンション、数値型はメジャーと整理されてデー
タペインに表示されます。

②フィルター

　データペインの右に位置するフィルターと書かれた領域は、作成したグラフに
フィルターを適用したい場合に使用します。例えば数多くある路線から1つに絞っ
て表示したい場合などで使うのですが、具体的には後のノックで説明します。

③マークカード

　画面のフィルターの下に位置するマークと書かれた領域は、作成したグラフの形を操作するときに使用します。ここではグラフの形状、色、サイズを任意で設定することができます。例えば、マークという表示の下のプルダウン項目を変更することでグラフの形状を変更することができます。

④列/行シェルフ

　画面の右上に位置する広い面の上に「列」「行」と書かれた領域があり、この領域をシェルフと呼びます。ここにデータペインから「メジャー」や「ディメンション」をドラッグ＆ドロップすることで、グラフを作成していきます。

　それでは、グラフを作っていきましょう。今の時点ではどんなデータなのか、という理解がまだ浅いですが、まずは1つグラフを作ればイメージが湧くと思います。
　データペインから「路線／路線名」という項目を行シェルフにドラッグ＆ドロップしてみてください。

■図：ディメンションを行に設定

14

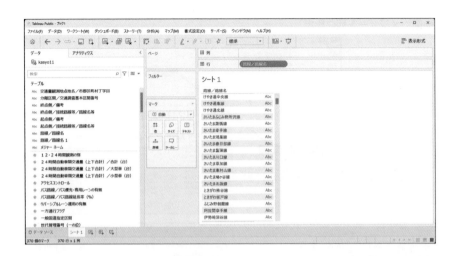

「路線／路線名」に含まれる値が縦に並べて表示されました。画面の左下を見ると、「370個のマーク」「370行 × 1列」と表示されています。ここから、「kasyo11 (埼玉県)」には370の路線が存在するということがわかります。実はこの「kasyo11」には2,886行のデータが存在するのですが、ディメンションの重複は除外して表示されるのがTableauの便利なところです。

次はメジャーを設定したいところですが、その前にキーボードの Ctrl キーと Z キーを同時に押してみましょう。すると、「路線／路線名」をドラッグ＆ドロップする前の状態に戻ります。このショートカットキーは操作を間違った場合や少し戻りたい場合に重宝しますので、覚えておきましょう。ちなみに、一度戻ったけれどやっぱり進める場合は「 Ctrl ＋ Y 」を押すと、戻した分が先に進みます。

では次に、メジャーを設定しましょう。データペインから「24時間自動車類交通量(上下合計)／合計(台)」という項目を列シェルフにドラッグ＆ドロップしてみてください。同じような名前のメジャーが3つ並んでいますが、名前が長いと表示が見切れてしまいますので、データペインとフィルターの間にカーソルを合わせて右にドラッグすると、データペインを広げることができます。

■図：メジャーを列に設定

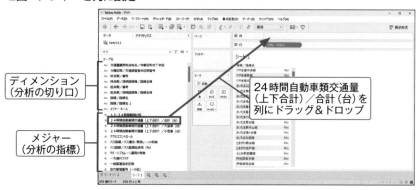

ディメンション
（分析の切り口）

メジャー
（分析の指標）

24時間自動車類交通量
（上下合計）／合計（台）を
列にドラッグ＆ドロップ

　横向きの棒グラフが出来上がりました。グラフの下部にはメジャーで設定した項目名と、軸の値が表示されています。「500K」や「1000K」という表記は「500,000」や「1,000,000」を省略した表記です。下にスクロールすると隠れている路線も見ることができますが、この画像の中だけで見ると「さいたま栗橋線」の交通量が最も多く、合計で100万台弱であることがわかります。カーソルを棒グラフの上に合わせると、ツールヒントという吹き出しで具体的な値を確認できます。

　さて、ここまで環境設定も含めてもろもろ進めてきましたが、グラフを作るために行った操作は、2つの項目をドラッグ＆ドロップしただけです。たったこれだけの操作で集計とグラフ化ができるというのが、Tableauを始めとしたBIツールの優れた点であると言えます。Excelを使い慣れた人であれば、1度ピボットテー

ブルを作って集計してからグラフ化するという手間がなくなるのも、大きなポイントだと感じてもらえるでしょう。

ファイルを保存しよう

　このまま可視化を進める前に、一旦保存をしておきましょう。Tableau Publicは自分のPC自体には保存できない仕様となっており、作業した結果は**パブリッシュ**する必要があります。序章でもお伝えしたようにTableau Publicは公開されてしまうので、使用するデータには気を付けましょう。また、保存にはインターネット環境が必須なので、保存の際にはインターネットに接続するのを忘れないようにしましょう。

　では保存していきます。まずはメニューの「ファイル」を選択した後、「Tableau Publicに保存」をクリックします。

■図：Tableau Publicの保存

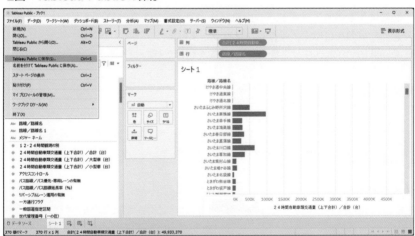

　保存をクリックすると、Tableau Publicへのサインインを求められるので、サインインしてください。これは初回のみ表示されます。

◤図：Tableau Publicへのサインイン

　必要情報を入れてサインイン出来たら、ファイル名を決める画面が出てくるので適当に名前を付けて、保存をクリックしましょう。
　今回は「100本ノック1章」という名前を付けて保存します。

◤図：ファイル名の決定

　保存するとパブリッシュが始まり、終了するとWebのTableau Publicの画面が表示され、無事に保存が終了します。

■図：保存完了

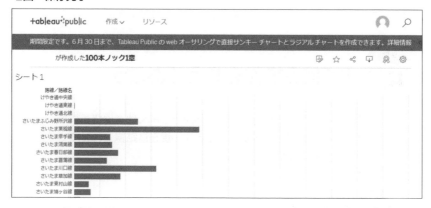

　これで、アプリケーションを閉じても大丈夫です。再開したい場合はメニューの「ファイル」から「Tableau Publicから開く」をクリックして、パブリッシュ済みの一覧が表示されるので、対象を選択して「開く」をクリックすると読み込みができます。ここでもインターネット接続が必須なので注意しましょう。

■図：保存データの読み込み

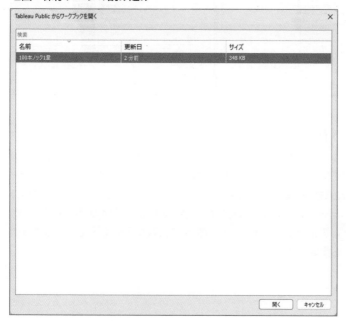

これで、グラフを作成して保存するまでの流れを知ることができました。それではここから、Tableauの使い方を本格的に身に付けていきましょう。

ノック 5 よく使う操作を覚えておこう

それでは先ほどのグラフの見た目を変えながら、よく使う操作を覚えていきましょう。まずはグラフの並び順を変えてみます。現在は路線名の昇順で並んでいますが、合計台数が多い方から並べてみます。

■ 図：値の並べ替え

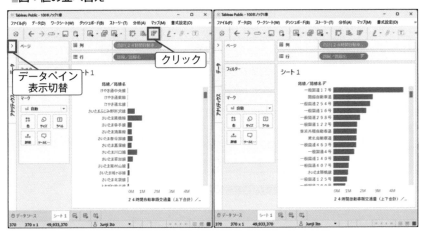

・データの並べ替え

画像を横に2つ並べるために、データペインの表示を小さくしています。この切り替えは状況に応じて行ってください。並べ替えのアイコンをクリックすると、棒グラフが合計台数の降順で並べ替えられました。左隣にあるアイコンは昇順の並べ替えです。データ分析では、ほんのわずかな差による順序の違いを捉える必要があるので、このようにメジャーで並べ替えて情報を正しく捉えられるようにすることはとても重要です。

・ラベル表示

　棒グラフで大まかな数と順番が認識できましたが、具体的な数字も見たい場合があります。そのような場合は、マークラベル表示を行います。

■図：ラベル表示

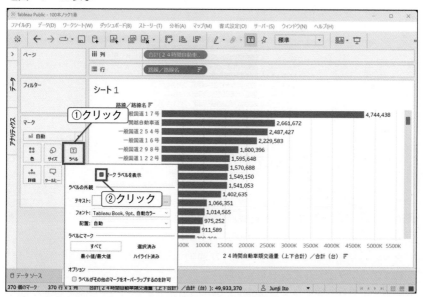

・シート名の変更、グラフタイトルの変更

　次に、シート名とグラフタイトルを変更します。Tableauでワークシートを増やすと「シートｘｘ」というものがどんどん増えていくので、何を意味するグラフなのかを設定しておくのがよいでしょう。後で見返したときにわかりやすく、ミスリードも減らせます。

■図：シート名の変更

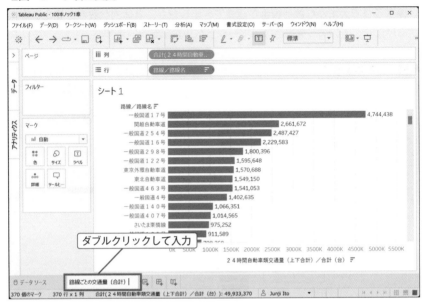

　シート名を変えるとグラフタイトルが連動して変わることが確認できますが、これはグラフタイトルにシート名が設定されているためです。グラフタイトル部分をダブルクリックすると設定画面が表示されますので、シート名とは別で設定したい場合は、＜シート名＞を削除して入力しましょう。この画面では文字の大きさや色などの書式変更もできます。

■図：グラフタイトルの変更

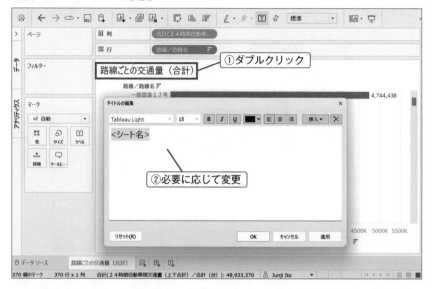

・グラフ表示サイズの変更

全体の傾向を把握するために、1画面内に全量を表示したい場合があります。このような場合は、「標準」と表示されたリストボックスから「**ビュー全体**」を選びます。

■ビュー全体での表示

■図：ビュー全体での表示

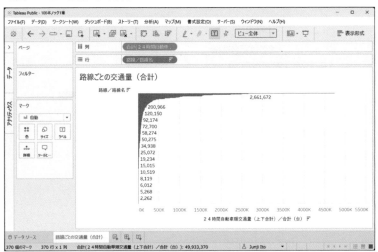

　全体で見ると、100万台を超える路線はごく一部であることがわかります。「幅を合わせる」を選んだ場合は横軸が1画面内に入り、「高さを合わせる」を選んだ場合は縦軸が1画面内に入ります。「ビュー全体」は縦も横も1画面に入れて表示します。

・行と列の入れ替え

　意外とやりたくなるのが、グラフの縦軸と横軸の入れ替えです。作ってみたけれど行列が逆だったな、作り直すのが面倒だな、と思うことなく一瞬でできます。

■図：行と列の入れ替え

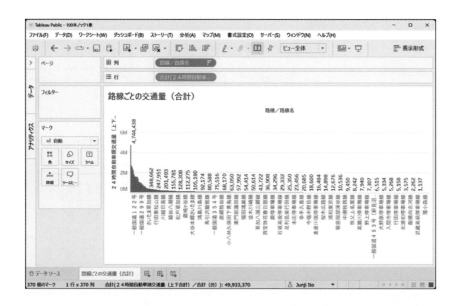

　最初にイメージしたものが必ずしも良いグラフであるとは限りませんので、作った後で簡単に変えられるのはとても便利です。

・グラフの種類を変更

　マークカードの「自動」と表示されたプルダウンをクリックすると、グラフの種類を選ぶことができます。「線」を選ぶと一瞬で折れ線グラフに変わります。似たようなグラフが増えてきたら、あえて種類を変えて変化を付ける、などがいつでもできるのも嬉しい限りです。

　プルダウンから幾つか選んでグラフの変化を確認できたら、棒グラフに戻しておきましょう。

■図：グラフの種類を変更

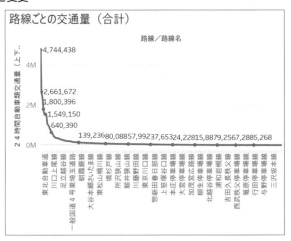

ノック6 ディメンションとメジャーを理解しよう

　さて、ここから様々な項目を使ってグラフを変えていきたいのですが、その前にディメンションとメジャーの理解度を上げておきましょう。Tableauに代表されるようなBIツールには、データペインのようにデータ項目が一覧で表示される枠があり、ディメンションとメジャーのように分かりやすく区別されています。このデータペインを可視化の要素として理解しておくと、効率的に情報を引き出すことができます。

　これらのディメンション／メジャーが1つの切り口であり1つの指標です。今回のデータは項目がありすぎて本来なら整理が必要なのですが、ここではTableauの特徴を踏まえた説明に留め

■図：データペイン

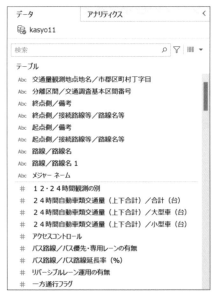

ます。

　Tableauではデフォルトで数値型以外はディメンション、数値型はメジャーと整理されることをノック3で触れました。ディメンションの項目を見ると青色で「Abc」と表示されていますが、これは全て文字列型であることを表しています。

　「メジャーネーム」の下に緑色の「#」が付いていますが、この場合は数値型で小数または整数となります。ここで注意したいのは、メジャーの項目に本来ディメンションとして扱うべきものが含まれてしまっている点です。例えば出席番号1～10の人物がいる場合に、1～10は数字ではありますが、足し算をしてはいけないのでディメンションにすべきです。ところが出席番号には数字しか入っていないので、Tableauでは自動的に数値型のメジャーと判断されます。よくあるものとしては番号やコード、区分、種別、フラグなどがありますので、使うタイミングでディメンションに変えましょう。

　それではメジャーをディメンションに変えてみます。やり方は大きく2つです。1つ目はメジャーの項目をディメンションの領域にドラッグ＆ドロップする方法です。

■図：メジャーをディメンションに変更

　青色の「#」が表示されていることから、数値型のディメンションに変わったことがわかります。2つ目の方法は、対象項目を右クリックして「ディメンションに変換」を選ぶ方法です。今回は項目が多いので、一気にまとめて変更しましょう。

◤図：メジャーをディメンションに一括変更

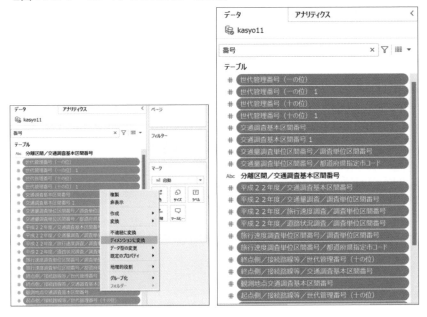

　ここでは、データペインの検索ボックスに「番号」と入力し、表示されたメジャー
の項目を全選択して右クリックし、「ディメンションに変換」を選びます。先頭の
メジャー項目を選択し、Shiftキーを押しながら末尾のメジャー項目を選択する
と全選択になります。

　「番号」以外にも、「コード」「種別」「有無」「区分」で検索して、該当するものをディ
メンションに変えておきましょう。実際には他にもありますが、ここまでにして
おきます。なお、ディメンションをメジャーに変える場合も同様の操作で変換す
ることができます。

カウント、メジャーネーム、メジャーバリューの使い方を知ろう

ディメンションとメジャーに詳しくなったところで、必ず用意される3つの項目も知っておきましょう。それが**カウント、メジャーネーム、メジャーバリュー**です。

・カウント

その名の通り、読み込んだデータのレコード数を数えるために使用します。データペインをメジャーの一番下までスクロールすると、「メジャーバリュー」の上に「kasyo11.csv(カウント)」という項目があります。

この項目を使ってレコード数を確認してみましょう。まずは画面下にある

■図：カウント

「+」が付いたアイコンの内、右から3番目をクリックします。これはワークシートを追加するボタンで、新しいグラフを作る場合に利用します。新しいワークシートが追加されたら、カウントの項目をビューの右下にドラッグ＆ドロップします。

■図：レコード数の確認

レコード数が2,886であることが確認できました。ではこのまま「路線／路線名」を行に追加してみます。

■図：レコード数の確認②

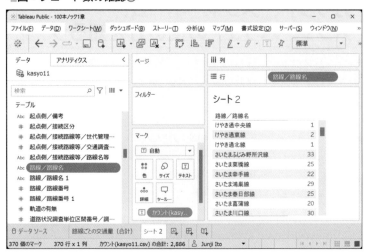

路線により複数のレコードが存在することがわかります。では次に、「交通量調査基本区間番号」も行に追加しましょう。警告画面が表示されたら、「すべての要素を追加」を選んでください。

■図：レコード数の確認③

　ここまで細分化すると、レコード数が全て1になりました。今回使用している「箇所別基本表」は「交通量調査基本区間」の単位で作成されたデータであることがわかりましたね。ここではシート名を「レコード数」に変えておきます。

・メジャーネーム、メジャーバリュー

　メジャーネームは全てのメジャー項目の名称を扱うことができ、メジャーバリューは全てのメジャー項目の値を扱うことができます。実際に扱ってみましょう。新しいワークシートを追加して「メジャーネーム」を「行」に、「メジャーバリュー」をマークカードの「テキスト」と表示された枠に入れてみてください。マークカードはノック3で説明していますので、忘れた方は振り返ってみてください。

■図：メジャーネームとメジャーバリュー

　メジャーの項目ごとに、値が表形式で表示されました。メジャーネームが見切れている場合は項目名と値の間にカーソルを当てると「⇔」と表示される箇所がありますので、そこをドラッグすれば枠を広げることができます。

　メジャーの各項目がマークカード下のメジャーバリューエリアに設定されています。この表を作る際に項目単位で集計されているのですが、カウントだけはレコード数のカウントをとり、それ以外は合計となっています。集計方法を変えたい場合は、メジャーバリューエリアの対象項目で右クリックし、表示されたメニューから「メジャー（合計）」を「平均」や「中央値」などに変えることができます。

▸図：集計方法の変更

　メジャーの項目を行や列、テキストに1個1個追加する方法もありますが、メジャーネームやメジャーバリューを使うと効率的に作業できます。また、メジャーの項目名を表形式で正しく捉えられるというのもポイントです。

　最後に、このシートの名前を「メジャーバリュー」に変えておきましょう。

ノック8　グラフを複製しよう

　項目の理解が進んでくると様々なグラフを作りたくなりますが、前に作ったグラフをベースにちょっと変えたくなることも多いものです。このとき、既にあるワークシートをコピーしてくれるのが複製機能です。

　最初に作成した路線ごとの交通量（合計）シート上で右クリックし、メニューから「複製」を選択します。するとワークシート名に(2)が付いた、全く同じシートが出来上がります。

■図：グラフの複製

 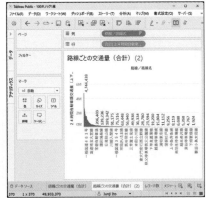

　これで元の状態を気にせず色々試していけますね。Tableauでワークシートを増やしてもデータ量が2倍3倍になる訳ではなく、あくまで同じデータの集計や表示パターンが増えるというだけですので、ファイル容量が大きく増えてしまうことはありません。

　作ったシートがいらなくなった場合は同じ流れで「削除」を選べばよいので、このグラフは残しておきたいと思ったら、あとはどんどん複製しながらグラフをアップデートしていきましょう。

　ワークシートが増えてくると、作ったグラフがどこにあるのかわからなくなりがちです。そこで、ファイル内にあるグラフを俯瞰して見る方法も覚えておきましょう。

■図：画面表示の切り替え方法

クリック

　画面右下のアイコンをクリックすると画面表示が切り替わります。通常は右が選択された状態です。左、真ん中と順にクリックしてみましょう。

■図：画面表示の切り替え

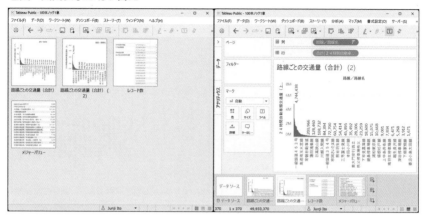

　それぞれグラフをプレビューして見れるので、位置関係がよくわかりますね。ワークシートの順番を変えたい場合は、対象のシートを選択してドラッグ＆ドロップで変えることができます。

ノック 9　フィルターを使おう

　データが増えてくると、特定の値で検索したり表示を絞り込みたくなりますね。フィルターを使うとそれができるようになります。まずはノック8で複製した「路線ごとの交通量（合計）（2）」シートを表示しましょう。次に行列を変換し、表示を「ビュー全体」から「標準」に戻しましょう。やり方を忘れてしまった方は、前のノックを読み返してみてください。

　今回は行で使用している「路線／路線名」をフィルターに入れてみます。やり方は3つあります。

■図：フィルターの設定

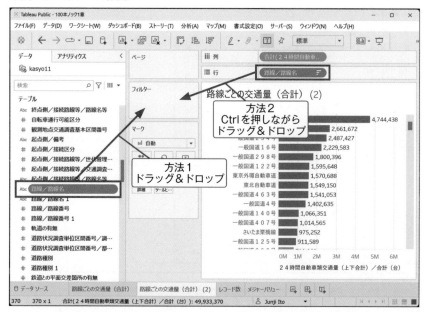

　1つ目はデータペインからフィルター領域にドラッグ＆ドロップする方法で、基本的な操作方法です。2つ目は行や列で使用している項目を選択し、Ctrlキーを押しながらフィルター領域にドラッグ＆ドロップする方法です。項目が多い場合はデータペインから探す必要がなくなるので便利ですが、Ctrlキーを押していないと行シェルフから移動してしまうので気をつけてください。

　「路線／路線名」をフィルターに入れると、対象を選ぶ画面が表示されます。画面中央左寄りの「なし(O)」のボタンをクリックしてから上から3つの路線にチェックを入れ、「OK」ボタンをクリックしてください。

◼️図：フィルター値の選択

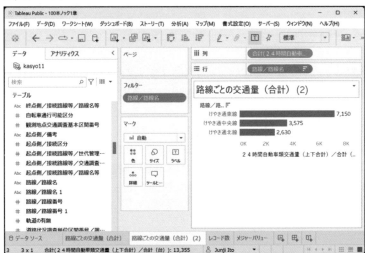

　フィルターで選択した3つの路線に絞り込むことができました。このフィルター
選択を画面上でやりやすくしたいので、フィルターに入っている「路線／路線名」
で右クリックして、メニューから「フィルターを表示」を選んでください。すると
画面右に選択肢の項目が表示されますので、ここから自由に設定を変えられるよ
うになります。

　画面右のフィルター選択肢上で右クリックすると、フィルターのメニューが表示されます。様々な設定を変えられるのですが、まずは「単一値」や「複数の値」を選んで傾向を理解するのがよいでしょう。

■図：フィルターの表示

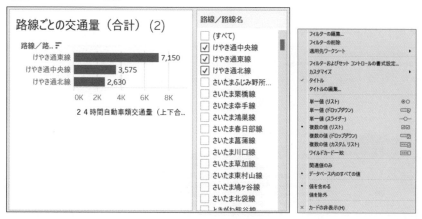

　フィルターの設定方法は3つあると言いましたが、3つ目がこのメニューからの設定です。対象項目がどこにあっても右クリックから選べますので、データペインや行に入っている状態から一気にフィルターを表示することが可能です。試しに列に入っている「24時間自動車類交通量（上下合計）／合計（台）」で右クリックして「フィルターを表示」を選んでみましょう。

■図：フィルターの設定方法3

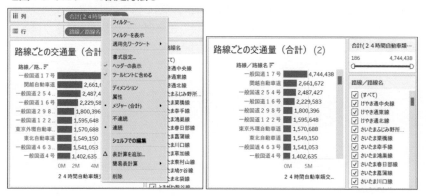

　路線名フィルターの上に合計台数フィルターが表示されました。路線名はディメンションなので対象の名前を選択する形ですが、合計台数はメジャーなので表示する値の閾値を設定する形となっています。表示されている値は下限と上限です。値の直接入力やスライドバーを動かすとグラフが連動しますので、試してみてください。

◼️図：メジャーフィルターを変更

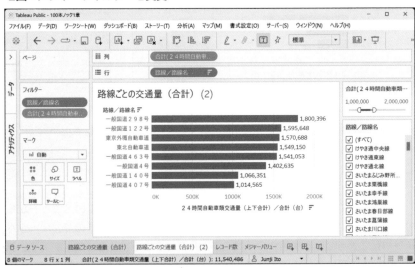

　これでワークシート上でのフィルター設定を身に付けましたが、実はフィルターには他にも幾つか種類があります。常に使う訳ではないので解説は省略しますが、Tableauを使いこなせるようになって速度面の課題を感じはじめたら、やり方を調べてみてください。きっとその頃には自分で色々調べて改善できるようになっていることでしょう。

ノック 10 書式を変えてみよう

それではこのグラフの書式を変えてみましょう。変えられる書式は色々ありますが、まずはグラフに色をつけてみましょう。ノック9で作成したワークシートを複製したら、合計台数フィルターのスライドバーを元に戻します。

・色の設定

ディメンションの「道路種別」をマークカードにある「色」の枠に入れてください。

■図：色の設定

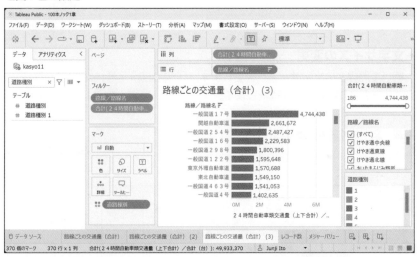

道路種別の値に応じた色が設定され、画面右下には使用されている色の凡例が追加されました。画面を下にスクロールするとどの路線がどの道路種別なのか、色によって識別しやすくなったのではないでしょうか。

この色使いは自分で変更できます。マークカードの色をクリックして表示されるメニューで「色の編集」を選びます。色の編集画面が表示されたら、色を変えたい項目と変更後の色を選択します。「カラーパレットの選択」でパレットを変更すると、色の選択肢を変えられます。

■図：色の変更

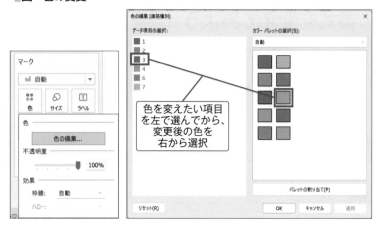

・文字サイズの変更

　続いて路線名の文字サイズを変更します。「一般国道17号」を右クリックして、メニューから「書式設定」を選択します。

■図：文字サイズの変更

　画面左に書式設定のパネルが表示され、上部に「書式設定：路線／路線名」と表

示されています。対象項目はすぐ下の「フィールド」から変更できます。

■図：文字サイズの変更

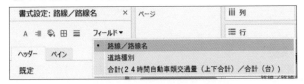

　ヘッダータブの規定にある「フォント」をクリックするとパネルが表示されるので、「9」を「12」に変えてみましょう。すると、軸に表示されている路線名の文字が大きくなります。

■図：文字サイズの指定

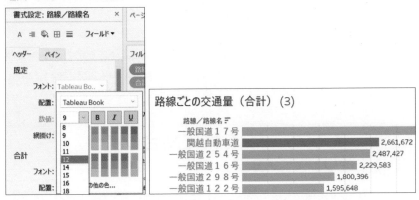

　文字サイズを変えるのは資料の体裁を整える状況だけでなく、誰かに画面共有して見せる状況でも必要になってきます。大型モニターでの表示やオンライン打合せで画面共有したが、文字が小さくて全然読めないということもありますので、変え方だけ身に付けておきましょう。最初からここを意識する必要はあまりないですが、いざというときにスッと変えられると「慣れてるな」と思ってもらえます。
　書式設定のパネルを見ると、他にも多くの設定を変えられることがわかります。できることが多いので全ての説明は省略しますが、少し癖があるので幾つか自分で試してみてください。

・グラフの縦横サイズの変更

　厳密には書式とは違うのですが、文字サイズを大きくしたのに合わせてグラフの縦横サイズも変えてみましょう。Ctrlキーを押しながらキーボードの⬆カーソルを2回押してみてください。

■図：グラフ縦横サイズの変更

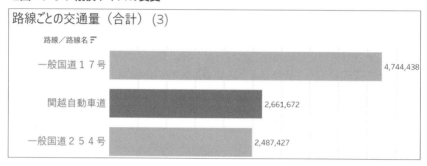

　グラフが縦に広がりましたね。Ctrlキーを押しながら上下左右のカーソルを押下することで大きさを変えることができるので、必要に応じて変えてみてください。まだ仕上がっていないグラフで人と話す際に使えるテクニックです。

ノック 11 マスタデータを横に結合しよう（リレーション）

　ノック10で道路種別を色に設定しましたが、凡例を見ても1から7の数字が見えるだけで、それが何の道路かわかりません。道路種別の名称がデータに含まれていればそれを表示できるのですが、このデータには名称は含まれておりません。そこで、道路種別の名称をもつマスタデータを結合して、名称を表示できるようにしてみましょう。

■図：データソースの追加

　データソースシートを選択し、接続の「追加」をクリックします。最初の読み込みはテキストファイルからCSVファイルを指定しましたが、今回はExcelファイルを読み込んでみます。表示されたメニューから「Microsoft Excel」を選択してください。「箇所別基本表関連マスタ.xlsx」を開くと、接続の「kasyo11」の下に「箇所別基本表関連マスタ」が追加されました。

　その下にはシートが表示されます。Excelファイルは複数のシートを持つことができるため、シートを選んで追加していく流れとなります。では「道路種別マスタ」のシートをkasyo11.csvの右側にドラッグ＆ドロップしてみましょう。

図：データの結合（リレーション）

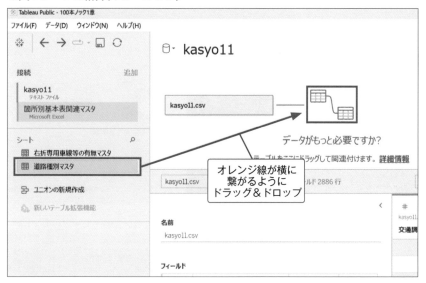

この段階ではまだうまく結合できておらず、！マークが表示されています。

図：結合できていない状態

　左右それぞれのデータから、紐づけのキーとなる項目を指定しましょう。kasyo11.csv側で「道路種別」、道路種別マスタ側で「コード番号」を選択します。

図：紐づけキーの指定

紐づけキーが設定されたことで、無事に道路種別マスタの値が表示されました。

🐾図：結合できている状態

　では先ほどのシートに戻り、データペインを見てみましょう。Kasyo11.csvの項目表示を最小化すると、道路種別マスタの項目が使えることがわかります。

🐾図：結合後のデータペイン

　では「道路種別（道路種別マスタ）」をマークカードの色に入れてみましょう。

図：道路種別名称を色に設定

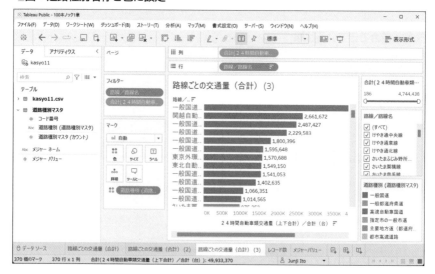

　色の項目が変わったことで先ほど設定した色が戻ってしまいましたが、凡例が名称に変わり、より認識しやすいものとなりました。単独のファイルに持っていないデータも、結合すれば使えることがわかりましたね。それぞれのファイルを紐づけるための結合キーが必要である点には注意しましょう。

ノック 12　複合グラフを作ろう

　次は少し手の込んだグラフを作ってみましょう。棒グラフと折れ線グラフが1つのグラフで表された複合グラフを作ります。まずは以下の手順に従って、ベースとなるワークシートを用意してください。

①「路線ごとの交通量（合計）（2）」のシートを複製
②フィルターから「24時間自動車類交通量(上下合計) ／合計（台）」を削除
③グラフの行列を変換
④路線名フィルターを右クリックして、メニューから「単一値(リスト)」を選択

　過去のノックも振り返りながらやってみましょう。出来た方は次のグラフをご覧ください。

■図：下地となるグラフ

如何ですか？　基本の操作が少しずつ身に付いてきましたね。表示の大きさは
それぞれの環境で異なりますので、気にしなくて大丈夫です。ではここから、複
合グラフに変えていきましょう。

まずは「交通量観測地点地名／市群区町村丁字目」を列に追加してください。次
に路線名フィルターから「さいたま春日部線」を選択します。表示は「ビュー全体」
にしましょう。

■図：地点名の棒グラフ

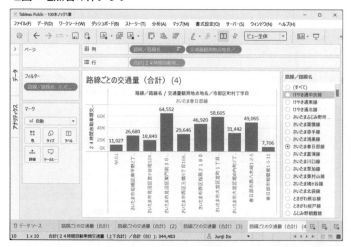

　行にあるメジャーをCtrlを押しながらマークカードの「色」にドラッグ＆ドロップし、降順のアイコンをクリックして並べ替えたら、棒グラフは出来上がりです。

■図：色を設定して並べ替え

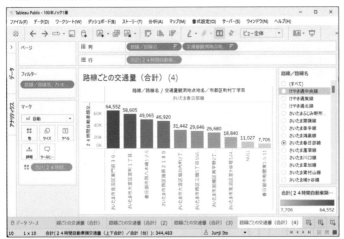

　次に、メジャーをもう1つ追加します。「昼間12時間ピーク比率(%)」を「行」の右側に追加してください。メジャーがそれぞれ棒グラフとなり、縦に2つ並びます。

■図：メジャーの追加

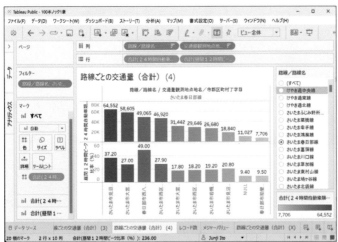

「昼間12時間ピーク比率（%）」は割合を示すため、棒グラフよりも折れ線グラフがよいでしょう。前のノックでもやりましたが、グラフの種類の変更はマークカードの「自動」を「線」に変えればよいです。

但し1点注意が必要です。マークカードを見ると、棒グラフアイコンで「すべて」「合計（24時…」「合計（昼間1…」が存在します。「昼間12時間ピーク比率（%）」だけを折れ線にしたいので、先に「合計（昼間1…」を選んでから「自動」を「線」に変えましょう。

さらに行に入れてある「合計（昼間12時間ピーク比率（%））」をCtrlを押しながらマークの「色」にドラッグ＆ドロップし、「色」をクリックして「色の編集」から、パレットを「オレンジ」に変更します。

■図：グラフの種類と色の変更

操作を間違えて全体が変わってしまった場合は、Ctrl＋Zで戻りながら試していきましょう。これで2種類のグラフが1画面で表示されましたが、縦軸が別々になっているので、うまく重ねて表示したいところです。

そこで、行にある「合計（昼間12時間ピーク比率（%））」の上で右クリックし、メニューから「二重軸」を選択します。するとこの2つのグラフが重なって表示されます。

図：グラフを重ねた表示

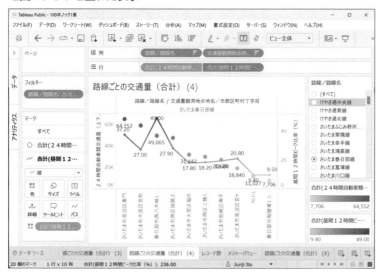

　この時点で複合グラフになったのですが、棒グラフが〇に変わってしまったので戻しましょう。マークカードの「合計（24時…）」を選択し、「自動」を「棒」に変えましょう。

図：棒グラフに変更

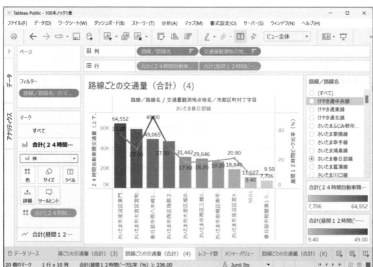

　見た目で邪魔なのがラベル表示です。マークカードで「すべて」を選び、「ラベル」をクリックして「マークラベルを表示」のチェックを外します。

■図：出来上がった複合グラフ

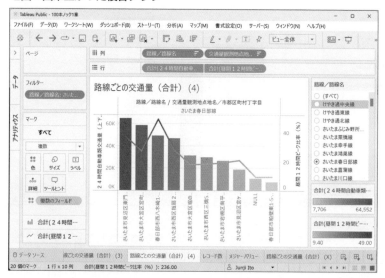

　これで複合グラフが完成しました。2種類のグラフを同時に見ることで、春日部市西八木崎は単純に台数が多いだけでなく、昼間12時間ピークが他より10%以上高いことがわかります。慣れてしまえばこのようなグラフを作るのもとても簡単です。

ノック 13 数値を日付型に変えて使ってみよう

　ノック6ではディメンションとメジャーの変換を行いましたが、ここでは数値型のメジャーを日付型に変換してみましょう。Tableauでは日付の項目を日付型で持つと様々なメリットがあるのですが、読み込むデータの作り方次第では数値型で読み込まれます。今回読み込んだ箇所別基本表にも年月日の項目があるのですが、数値型のメジャーになっています。これを日付型に変換しつつ、日付の使い方を見てみましょう。

　まずは新しいワークシートを作り、データペインで「年月日」を検索して表示される「交通量観測年月日」を行に入れてみます。

■ 図：数値型の年月日を行に設定

　年月日というからには日付を見たいのですが、値が集計されてしまいました。これを日付として正しく認識させるために、日付型に変換します。

■ 図：日付型への変換

　緑色の「#」アイコンをクリックして表示されるメニューから「日付」を選ぶと、青色のカレンダーアイコンに変わりました。青色ということは、ディメンションになったということです。「日数」であれば数値型で集計してよいのですが、年月日は時系列推移を見たり前月との比較などを行うため、ディメンション(分析の切り口)とするのが正しい形です。

　では改めて、この項目を行に入れてみましょう。

■図：日付型の表示

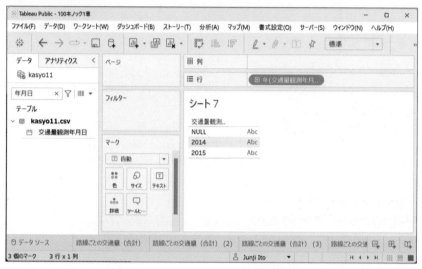

　行に設定されたディメンションに「年(交通量観測年月..)」と表示され、年の左には+マークがあります。この+をクリックしてみましょう。四半期、月、日と段階的に展開されます。

■図：日付の展開

　展開した後は＋がーに変わり、－をクリックすると展開した年月日が戻ります。この仕組みを使うことで、年単位や月単位、さらに日単位の比較を１つのグラフで動的に変化させて見ることができるというわけです。例えば勤務時間の管理などでも役に立ちそうですね。

　展開した項目で不要なものがあれば、それだけを削除することもできます。四半期を行から外にドラッグ＆ドロップすると、余計な表示がなくなります。そしてメジャーをテキストか行に入れたら、表やグラフの出来上がりです。

■図：四半期を除外

　年月日があることで時系列を表現することができるようになるのですが、箇所別基本表よりも時間帯別交通量表の方がより時系列分析に適しています。それを用いた分析は後のノックで行うこととして、ここでは年月日の一覧を簡単に表示する方法を見ておきましょう。

　新しいワークシートを作成したら、データペインから「交通量観測年月日」を右クリックで行にドラッグ＆ドロップします。するとメニューが表示され、非常に数多くの表示方法があることがわかります。

　では上から2番目の「交通量観測年月日(不連続)」を選び、OKをクリックしましょう。

■図：右のドラッグ＆ドロップで不連続表示

　年月日を＋で展開するまでもなく、一覧で見ることができました。読み込んだデータの日付範囲を確認したい場合などはこちらの方が早いので、覚えておくとよいでしょう。

データを縦に結合しよう（ユニオン）

では続いて、同じデータ形式のファイルが複数ある場合に、データを縦に結合する方法を覚えましょう。今回は複数の箇所別基本表を結合します。冒頭でデータについて述べましたが、箇所別基本表は都道府県単位でファイルが作られています。ここまでは埼玉県のデータを扱ってきましたが、ここに東京都のデータを結合していきます。

まずはデータソースを選択し、画面左の「接続」から「kasyo11」を選びます。

■図：データソース

「ファイル」から「kasyo13.csv」をドラッグして「kasyo11.csv」に重なるように移動し、「**ユニオン**」と表示されたところでドロップします。右にずれると横結合(リレーション)になるので、画面の表示を確認しながら進めましょう。

■図：kasyo13.csvをドラッグ＆ドロップでユニオン

　Kasyo11.csvのラベルが変わったことを確認してください。これが変わっていない場合はユニオンができていないので、Ctrl+Zなどで戻ってやり直してください。

■図：ユニオン前後の表示の違い

　ユニオンすると自動的に「テーブル名」という項目が追加されます。どのテーブル（ファイル）から読み込んだデータなのか明確にするためのもので、グラフを作る際によく利用します。画面右下の表を一番右までスクロールすると、テーブル名を確認することができます（次図左）。

　では続いて、見た目が変わった「kasyo11.csv」の枠で右クリックして「ユニオンの編集」を選んでみましょう。「固有（手動）」の中に2つのファイルが設定されていることが確認できたら、OKをクリックします（次図右）。

■図：テーブル名の自動追加

■図：ユニオンの編集

　それでは東京都も含めたデータでレコード数を確認しましょう。新しいワークシートを追加し、「Table Name」を行に入れ、「kasyo11.csv（カウント）」をテキストに入れます。

■図：各ファイルのレコード数

　これでレコード数を確認できましたが、データソースでは「テーブル名」と表示されていた項目名が、こちらでは「Table Name」となる点に注意してください。
　続いてグラフを作成します。少し手順が多いのですが、今までやってきたことと同じです。それでは以下の手順に従って作業してください。

①新しいワークシートを作成
②行に「24時間自動車類交通量(上下合計)／合計(台)」を追加
③列に「道路種別マスタ」の「道路種別」を追加
④列の「道路種別」の右に「路線／路線名」を追加
⑤列の「路線／路線名」を右クリックし「フィルターを表示」を選択
⑥路線名フィルターで右クリックし、「単一値(リスト)」を選択
⑦路線名フィルターで「一般国道4号」のみチェックを入れる
⑧列の「路線／路線名」の右に「交通量調査単位区間番号／調査単位区間番号」を追加
⑨行のメジャー項目を右クリックし「メジャー(合計)」を「メジャー(平均)」に変更
⑩「Table Name」をマークの色に追加
⑪シート名を「調査単位区間における24時間自動車類交通量(平均)」に変更

　振り返り無しで全ての手順を実行できていたら、だいぶTableauに慣れてきていますね。では実際のグラフを見てみましょう。

■図：複数都道府県を跨ぐ路線の交通量比較

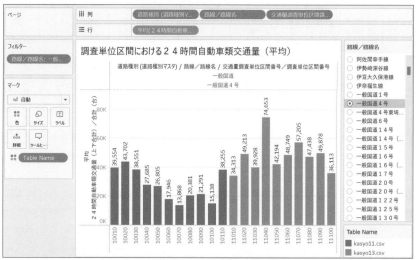

　一般国道4号では、東京都側の交通量が多いことが確認できました。今回は都道府県を識別する情報であるTable Nameを色に入れましたが、その他にも行や列で使うなど様々な用途で使ってみましょう。
　また、今回は埼玉県と東京都のデータを使用しましたが、神奈川県のデータも用意していますので、余裕のある方は追加して色々触ってみてください。今回は

固有(手動)での追加を行いましたが、ワイルドカードを用いた複数ファイルの追加もできます。ファイルが多い場合はその方法も有効で、ノック92に詳しく記載しています。

ノック 15　時系列データを追加しよう

　ここからは新しいデータソースを追加して、時系列データを扱ってみましょう。対象は「埼玉県の時間帯別交通量表」です。こちらもCSV形式のファイルが用意されていますが、それを読み込む前に、Excel形式のファイルも見てみましょう。「zkntrf11.xlsx」を開いてみます。

▣ 図：Excelファイルイメージ

　Excelファイルは人間が理解しやすいよう先頭にタイトルがあり、空白行が設定されていたりヘッダーが結合されていたりするものが多いです。これは帳票印刷を意識したものでもあります。社内データもExcel形式であれば、基本的にはこれに近い状態かと思います。このような構造のデータはそもそもツールで使う目的で用意されたものではないため、特にExcelデータを使う際は、先にデータの状態を見ておくのがよいでしょう。どうしても使えない場合は事前の加工が必要となります。

　そんな中、TableauにはExcelファイルもある程度使えるようにしてくれる便利な機能がありますので、参考までに見ておきましょう。まずは画面中央上部のDBマークをクリックして「新しいデータソース」を選び、新しいデータソース画面で「Microsoft Excel」を選択したら、ファイル選択画面で「zkntrf11.xlsx」を

選んで開きます。これまでのノックで使ってきたデータとの結合を考えない形で
追加しています。

■図：新しいデータソースにExcelを追加

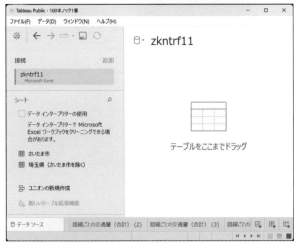

　ノック11と同じようにExcelファイルのシートをドラッグしてみます。動作確認が目的なのでシートはどちらでも構いませんが、ここでは「さいたま市」を使ってみましょう。次の2つの画像を比較してみてください。

■図：インタープリターOFFとON

　上の画像では表をほとんど読み込めておらず、Excelのデータをそのまま表現しています。それに対して下の画像では、Excelデータのタイトルなどを除外して、

表の部分をうまく使ってくれています。

　この違いが何なのかというと、画面左の「データインタープリター」にチェックがあるかどうかです。ここをクリックして ON/OFF を切り替えてみてください。インタープリターが OFF だと正しく読み込めませんが、ON だと中々いい形で読み込んでいるのがわかりますね。

　ここで表示される項目ですが、ヘッダー部分のセル結合の影響などもあり Excel そのままという訳ではありません。実際に使う際はどのような変換が行われているか、慎重に確認してから使いましょう。

　それでも綺麗に加工されたデータが無い状態であれば非常に重宝しますので、クイックに分析したい状況であればインタープリターを活用してみるのもよいでしょう。

　さて、インタープリターの話でノック 1 本分くらい横道にそれてしまいましたが、今回は綺麗に加工された CSV データが用意されていますので、改めてこちらを使っていきましょう。再度 DB マークをクリックして「新しいデータソース」を選び、新しいデータソース画面で「テキストファイル」を選択したら、ファイル選択画面で「zkntrf11.csv」を選んで開きます。

▪️図：新しいデータソースに CSV を追加

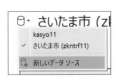

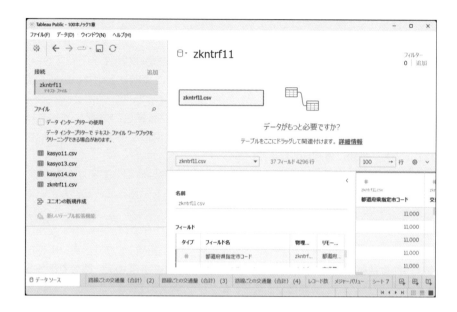

新しいデータソースを追加した場合、DBマークをクリックして対象のチェックを変えれば、画面表示を別のデータソースに切り替えることができます。

■ 図：データソースの切り替え

ここでも本来ディメンションとして扱うべき項目がメジャーとなっていますので、まずはディメンションに変換しましょう。今回のデータでは「年月日」と「交通量」以外は全てディメンションに変換してかまいません。「年月日」は前のノックと同じく日付型に変換しましょう。

■図：メジャーをディメンションに変換

それでは可視化していきましょう。まずは台数を見る前にカウントを見て、どの単位でレコードが作られているか確認してみます。以下の順に項目を入れていきます。

①カウントをテキストに追加 （カウント数が4,296件）
②カウントを色にも追加
③「都道府県指定市コード」を行に追加
④「交通量調査単位区間番号」を行に追加
⑤「路線番号」を行に追加
⑥「上り・下りの別」を行に追加
⑦「車種区分」を行に追加 （カウント数が1件）

■図：レコードの粒度

　最初にカウントをテキストに入れておくことで、行にディメンションを追加するごとにレコード数が変化しているのがわかりますね。カウントを色かフィルターにも入れておくと、レコードが1になるまで分解できたのか、まだどこかで重複があるのか確認しながら進められます。今回5つのディメンションを行に追加しましたが、路線番号を除く4項目が含まれていればレコード数が1になります。このデータには「交通量観測年月日」がありますが、それを加えなくてもレコードが1になるので、調査個所ごとに1日分のデータを保持しているということが言えます。

　こういった構造を理解しておくと、1つ1つのグラフを説明する際に「交通量調査単位区間番号毎に上り・下りを合算した1日の台数です。全ての車種が含まれています。」というような正しい説明ができるようになります。ここの説明が崩れるとデータで語ろうとしても信用してもらえないので、構造を正確に理解するよう心がけましょう。

　では次に、時間帯別のメジャーを列に入れて台数の推移を見てみましょう。レコードが多いのでフィルターも設定しながら進めます。

①今作成したシートを複製
②「交通量調査単位区間番号」をフィルターに入れ、「10」のみチェックを入れる
③「メジャーネーム」を列に追加
④「メジャーネーム」をフィルターにも追加し、10時台、11時台、12時台の3
　つにチェックを入れる
⑤カウントを色から外す
⑥カウントをテキストから外す
⑦「メジャーバリュー」を行に入れる
⑧グラフの種類を「自動」から「線」に変更
　※実際は棒グラフの方が適していますが、今回は折れ線にします。
⑨ビュー表示を「幅を合わせる」に変更

　ではグラフを見てみましょう。

▪ 図：時系列の折れ線グラフ

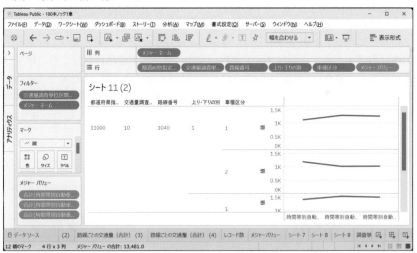

　一応折れ線グラフの形にはなりましたね。まずは3時間に絞りましたがこの形
で問題なさそうなので、メジャーネームのフィルターで24時間分をチェックす
れば1日分の折れ線グラフを作ることができます。ですが色々残念な部分もあり
ます。

・「時間帯別自動車類交通量（台／時）／10時台」という名前が長くて軸に表示しづらい
・時間の項目が別々なので扱いづらい。
・これらを1つ1つ行に入れると項目名が見えなくなる。
・時間を並べ替えるのが面倒

　今回のように時系列を表す「時間帯」や「日付」が別項目として列に設定された状態を、我々は「**横持ちのデータ**」と表現しています。横持ちのデータ同士での計算式が作りやすいメリットはあるものの、列が多くなりすぎるため、あまり使いやすくはありません。そこで、次のノックでは「横持ち」したデータを「縦持ち」に変換する方法を学びましょう。

ノック16　データをピボットしてみよう

　それでは**横持ち**している時間帯データを**縦持ち**に変換しましょう。Tableauではこれを**ピボット**という機能で行います。まずはデータソースを選び、画面右下の表からピボットする項目を全て選択します。今回は対象項目が全て横に繋がっているので、まずは「車種区分」の右にある「時間帯別自動車類～」のヘッダー部分をクリックします。そのままスライドバーを右にずらして、右端から3番目の「時間帯別自動車類～」のヘッダー部分を、Shiftキーを押しながらクリックします。

■ 図：ピボットする項目を選択した状態

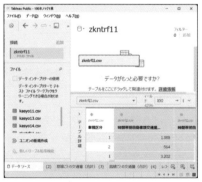

この状態で右クリックして表示されたメニューから「ピボット」を選択します。すると、メジャーで横持ちしていたはずの項目がなくなり、新たに2つの項目が出来上がりました。ピボットのフィールド名とピボットのフィールド値です。！が表示された項目もありますが、後ほど説明します。

・ピボットのフィールド名
　ピボット前に選択していた項目のヘッダー部分が入ります。
　20時台、21時台、22時台といった項目が縦に並んでいますね。

・ピボットのフィールド値
　ピボット前に選択していた項目の値が入ります。

　ピボットしたことで横に長かったデータの横が短くなり、縦が増えたことになります。

■図：ピボット結果

　このまま使うには名前がわかりづらいので、それぞれ項目名を変更しておきましょう。
　「ピボットのフィールド名」のヘッダー部分で右クリックして「名前の変更」を選択し、「ピボットした時間帯」に変更します。同様に「ピボットのフィールド値」の名前を「台数」に変更しましょう。

　台数の右側に！が表示された項目が３つありますが、これはピボットに含まれている項目が既にグラフで使われていたのが理由です。ノック15で作成したグラフでこの項目が使われているため、項目名だけが残っています。ノック15で作成したワークシートを見ると、もうその項目が無くなっているためグラフを再現できなくなっています。

■図：使用していた項目がピボットされた場合

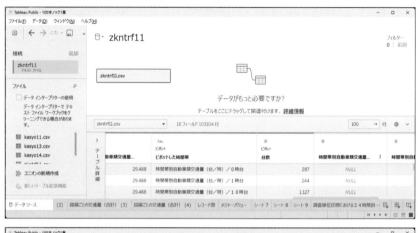

　このグラフはもう使わないので削除して構いませんが、今回はこのまま何もせず次に進みましょう(本来はこうならないように進めるのが正しい姿です)。ピボット前のグラフも残しておきたい場合は、新しいデータソースを追加して別データとして読み直すことで別々に扱うことができます。

ノック 17 ピボット後のデータで可視化してみよう

　それでは新しいシートを追加して、縦持ちしたデータでグラフを作っていきましょう。横持ちのときと同じように、カウントを見ながら項目を追加してみます。

①カウントをテキストに追加　（カウント数が103,104件）
②カウントを色にも追加
③「都道府県指定市コード」を行に追加
④「交通量調査単位区間番号」を行に追加
⑤「路線番号」を行に追加
⑥「上り・下りの別」を行に追加
⑦「車種区分」を行に追加　（カウント数が24件）

■図：ピボット後の項目で作成したグラフ

　最後のレコード数が24になりました。同じ流れで細分化していった結果、24時間分のデータが含まれていることを示しています。試しに「ピボットした時間帯」も行に入れてもらえば、カウントが1になることを確認することができます。
　メジャーの項目を別々に扱う必要がなくなったので、ここから先はいろいろやりやすくなります。では横持ちのときと同じ流れで折れ線グラフを作ってみます。

①今作成したシートを複製
②「交通量調査単位区間番号」をフィルターに入れ、「10」のみチェックを入れる
③「ピボットした時間帯」を列に追加
④カウントを色から外す
⑤カウントをテキストから外す
⑥「台数」を行に入れる
⑦グラフの種類を「自動」から「線」に変更
⑧ビュー表示を「幅を合わせる」に変更

　ではグラフを見てみましょう。

■ 図：縦持ちデータで作成した折れ線グラフ

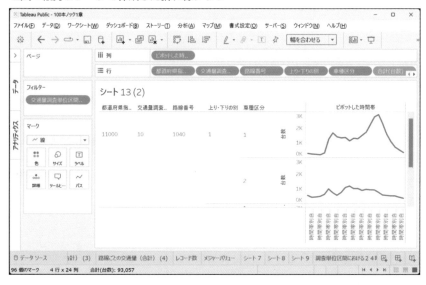

　項目が1つにまとまったことで、とても簡単に作ることができました。そして
簡単になる以外にも縦持ちのメリットがあり、Tableauの簡易表計算を使えるよ
うになります。シートを複製して「合計(台数)」で右クリックしたら「簡易表計算」
から「累計」にしてみましょう。グラフの種類を棒グラフに戻します。

■図：簡易表計算の累計で作成したグラフ

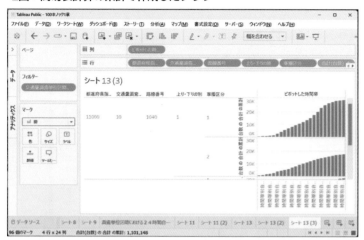

　各時間帯の台数を単純に表示するだけでなく、毎時の台数を累計で表してくれるようになりました。こういったグラフをBIツール無しで作るのはかなり面倒で、予め集計した表を作っておく必要がありますが、Tableauの場合はそのような集計を挟むことなく計算式も作らないままグラフ化してくれます。

　簡易表計算をもう少し見てみましょう。再度シートを複製して、今度は「簡易表計算」から「差」を選んでみます。

■図：簡易表計算の差分で作成したグラフ

1時間前と比較した値が表示されるようになりました。時間帯ごとの変化量を表しており、どの時間帯で台数が増え始め、どこで減り始めるのかをより捉えやすくなります。このように簡易表計算をうまく活用することで、実際の生データだけでは見つけづらい発見があるかもしれません。

データを縦持ちするメリットをもう一つ挙げておきましょう。それはフィルターを使いやすくなる点です。横持ちの場合はメジャーを1つ1つフィルターに入れる必要がありましたが、縦持ちであればピボット後の名称と値をフィルターに入れるだけなので、とてもシンプルになります。

■図：縦持ちでのフィルター

Tableauは縦持ちだとできることが数多くあるのでメリットだらけのように見えますが、1点注意が必要です。縦にレコードが増えるということは、集計の仕方を間違えると値が数倍になって表示されるという点です。

■図：縦持ちでの注意点

左が「24時間自動車類交通量(台)」の合計値、右が平均値です。この項目はピボットしていないため、縦持ちしたデータを合計すると実際の24倍(24行分)になり

ます。つい見落としがちになりますので、グラフや表を作った際は集計結果を細かく確認しながら進めましょう。扱っているデータに関する有識者がいる場合は、有識者に見てもらいながら進めるのもよいでしょう。

ノック 18 データを分割して使ってみよう

　ここまではファイルから読み込んだ項目やTableauが自動作成した項目を使ってきましたが、それだけでは足りないケースや使いづらいケースがあります。そこで本ノックでは使いづらいデータを少し加工して、使いやすい形にしましょう。

　ピボット変換した後の名称には、ピボット前の項目名が設定されています。今回はこの名前が長くてグラフで使いづらいので、名称を分割して必要なものだけ取り出してみましょう。名称に設定されている項目名を見ると「時間帯別自動車類交通量（台／時）／７時台」などと設定されており、数字の部分だけが可変となります。ということは、数字の前の「／」で分割して後ろの値だけをとれば、0時台から23時台のデータになるはずです。

　それではやってみましょう。データソースを選んで「ピボットした時間帯」で右クリックしたら、メニューから「カスタム分割」を選びます。ここで区切り文字の使用に「／」と入力し、分割を「最後」にしてOKをクリックします。

■ 図：値の分割

　右下の表を右端までスクロールすると、カスタム分割で新しい項目ができたことがわかります。時間帯の前の長い文字列が削除されていますね。この項目の名前は「時間帯」に変えておきましょう。

■ 図：分割した値

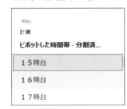 

　それではグラフの列を今作った項目に変更しましょう。縦持ちデータで最初に作った折れ線グラフを複製したら、「時間帯」をドラッグ＆ドロップで列に入れます。既存のディメンションの上でドロップすると上書きされます。

■ 図：列の項目を変更

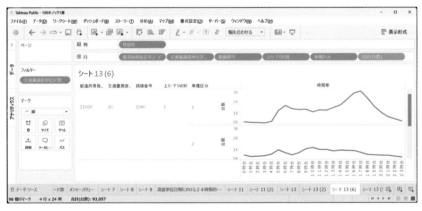

　長かった項目名がすっきりしてグラフが見やすくなりました。このように、ある一定のルールが適用できる項目であればデータの分割が可能です。例えばファイルパスを分割してフォルダ情報から大事な部分を抽出したり、ファイル名から拡張子だけを取得したり、逆に拡張子を除外するなど様々な形で応用できます。

ノック 19 計算式を作ろう

　ピボットや分割によって新しい項目を作ってきましたが、それ以外にも必要な項目があれば、計算式を組んで新たに作ってしまうのがよいでしょう。Excelなどの表計算ソフトを使う方は計算式無しでは成り立たないくらい活用されていると思いますが、Tableauでもそれに近い感覚で計算式を組むことができます。

　ピボットとカスタム分割で作成した「時間帯」をもとに「時間帯区分」という項目を用意します。時間帯区分は4時間ごとに6つ定義します。

・早朝（4 〜 7時）
・午前（8 〜 11時）
・午後（12 〜 3時）
・夕方（4 〜 7時）
・夜間（8 〜 11時）
・深夜（0 〜 3時）

　計算式の書き方は色々ありますが、まずはIF文で書く場合の見本です。

```
IF  [時間帯]  IN('4時台', '5時台', '6時台', '7時台') THEN '早朝'
ELSEIF [時間帯] IN('8時台', '9時台', '10時台', '11時台') THEN '午前'
ELSEIF [時間帯] IN('12時台', '13時台', '14時台', '15時台') THEN '午後'
ELSEIF [時間帯] IN('16時台', '17時台', '18時台', '19時台') THEN '夕方'
ELSEIF [時間帯] IN('20時台', '21時台', '22時台', '23時台') THEN '夜間'
ELSEIF [時間帯] IN('0時台', '1時台', '2時台', '3時台') THEN '深夜'
END
```

　これを言葉で解説すると以下となります。

```
もし時間帯が（4時台、5時台、6時台、7時台）のどれかに当てはまるなら早朝、
そうでない場合、もし時間帯が（8時台〜省略〜）
〜省略〜
終わり
```

IF文であれば少しイメージしやすいのではないでしょうか。判定する項目を［ ］で囲んだり、最後はENDで閉じるなど少し独特なルールがありますが、見本を見ながら書くことができるので、慣れてしまえばそれほど大変ではなくなります。

では、実際に計算式を作ってみましょう。「時間帯」を右クリックして、メニューから「作成」、「計算フィールド」の順に選びます。

■図：計算式の作成

左上の「計算1」は項目名です。新しい項目を増やすことになるので、後から見てもわかる名前を付けるのがよいでしょう。今回は「時間帯区分」と入力します。その下にはオレンジ色で［時間帯］という項目だけが入力されています。データペインに存在し、かつ［ ］で囲んで記述した場合に、計算式上で項目として認識されます。このエリアにはデータペインから項目を直接ドラッグ＆ドロップすることもできます。

最も簡単な計算式はA＋Bのような四則演算ですが、今回は頑張ってIFとINを使った計算式を完成させましょう。計算式の説明が表示されていない場合は、計算式入力画面の×とOKの間にある▷をクリックしてみてください。計算式を検索するエリアが表示されます。検索テキストボックスに文字を入力すると候補が出ますので、慣れないうちは見本を活用しながら入力しましょう。

計算式を入力して画面左下に「計算は有効です。」と表示されれば、項目として追加することができます。

■図：計算式の作成

最後にOKをクリックすると、ディメンションに「時間帯区分」の項目が追加されます。分割や計算式で作成した項目はアイコンの先頭に = が付きます。自分で作る以上はよく使う項目ですので、探しやすいよう名前に記号を入れてもよいでしょう。計算式を数多く作ると埋もれてしまうので、項目の先頭に「★」を入れておくなどすると検索ですぐ見つけられます。

■図：作成した項目

それではこの項目を使用したグラフを作成します。ノック18で作成したグラフを複製したら、列に設定されている「時間帯」の上に「時間帯区分」をドラッグ＆ドロップして上書きしてください。時間帯区分で集計したグラフに切り替わります。

■図：時間帯区分のグラフ（並べ替え前）

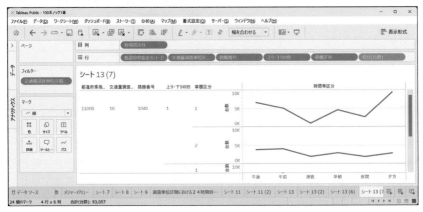

　　時間帯区分の並びが意図した状態になっていないため、並べ替えましょう。列にある「時間帯区分」を右クリックして並べ替えを選び、データソース順から「手動」に変更します。上から早朝、午前、午後、夕方、夜間、深夜の順にドラッグして並べ替えたら×をクリックします。

▪ 図：時間帯区分のグラフ（並べ替え後）

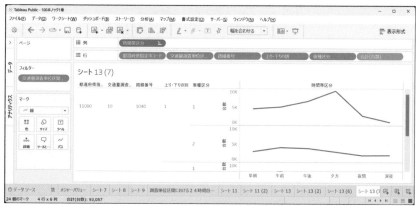

　　計算式が使えるようになると可視化の表現や分析の幅がぐっと広がりますので、積極的に使っていきましょう。難しい書き方よりも理解しやすい書き方を意識してください。頑張って1個の計算式を長く複雑なものにするよりも、誰が見ても何をやっているかがわかるのが理想的です。

ノック 20 これまで作ったものを整理して保存しよう

　頑張って続けてきた第1章もいよいよ最後のノックとなりました。新しい知識と技術を身に付けるために数多くのノックをしてきましたので、最後に全体を見ながら整理してみましょう。

　Tableauのように様々なグラフをクイックに作れる場合は、1つ1つのグラフ作成に時間をかけるのではなく、ある程度まで出来たらそのシートを複製して次のグラフを作るのがよいと考えています。時間をかけて作っても人に説明したらこれじゃなかったということは常にありますので、クイックに数多く作って人と話すのがよいでしょう。

　例えば棒グラフでも縦向きと横向き、色の付け方やビュー全体での表示などを工夫することで印象が大きく変わります。そこには絶対の正解はなく、誰が使うのか、どんな風に運用するのか、毎日使うのかなどにより形が変わってきます。

　それでは、ここまでに作ってきたグラフを俯瞰してみましょう。画面右下のアイコンで全体のプレビューを確認します。

■図：全体の俯瞰

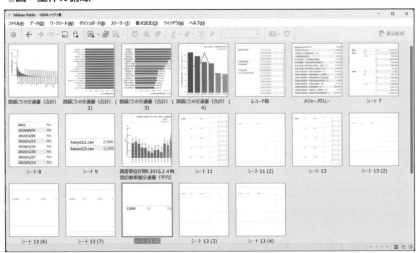

　こうして見返すと数多くのグラフを作ってきたことがよくわかります。グラフの数が合わなくても特に気にしないでください。こんなに数多くの表やグラフを

作ってきましたが、慣れた人から見ればグラフ種類（見せ方）の網羅性という点が
足りていないと思われるでしょう。今回は見せ方の網羅性よりも、ここを押さえ
ておけばあとは自走できると考えるポイントに絞ってノックしていますので、そ
の点はご容赦ください。

　さて、このように数多くのグラフを作ったら、次は以下を意識してみましょう。

・作ったグラフを見返して、いるものといらないものに分ける
　本当にいらないものは削除して構いませんが、どちらをとるか迷っているので
　あれば残して、人の意見も聞いてみましょう。例えば縦向きと横向きがある場
　合に「向きが違うだけです。」と言ってしまうと「じゃあどっちか決めろ」と言われ
　てしまいます。「どっちがいいと思います？」と聞くだけで周りからアドバイス
　をもらうことができます。

・分析する流れを考えて、見る順番でシートを並べ替える
　シートの順番が思考の流れと異なると、使う人も聞く人も付いてこれなくな
　ります。例えば打合せで誰かに見せる場合も、話す順番やストーリーを考えて
　並べましょう。全体を俯瞰した表示にしてシートをドラッグするのが便利です。

・タイトルを付ける
　これはよくあるのですが、簡単にシートを複製できるのでタイトル（シート名）
　の変更が追い付かなくなりがちです。本章でも途中からそうなっています。グ
　ラフを作りながら考えるのもいいですが、最後に振り返って考えた方が意外と
　いいタイトルを付けられる場合もあります。ミスリードしたタイトルにならな
　いよう注意しましょう。

・場合によっては一から作り直す
　試行錯誤を続けた結果あまりにもごちゃごちゃになってしまっていたら、思い
　切って一から作り直した方が早い場合もあります。慣れないうちは大変に思う
　かもしれませんが、慣れてしまえば作り直しはそれほど大変ではないので、新
　しいファイルで作り直すことも選択肢に入れましょう。

・目的に応じてシートの色を付ける
　シートが多くなると、何でこのグラフを作ったんだっけ？　と思うこともしば
　しば出てきます。きちんと整理されていれば問題ないのですが、試行錯誤して

いる段階ではよくあることですので、シートの色を付けておくと意外と使いやすくなります。

■図：シートの色を変更

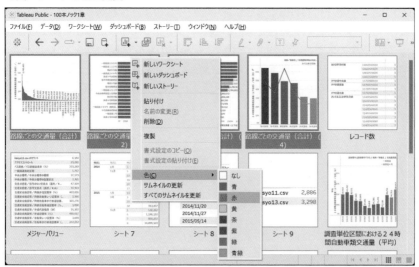

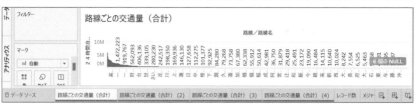

　色を変えたいシートを選択したら右クリックし、メニューから色を変えられます。タブに色が付くことで見分けがつきやすくなり、思考の整理にも少し寄与します。よければ使ってみてください。

　それでは最後にファイルを保存して終了しましょう。Ctrl＋Sを押して上書き保存ができます。サインインを求められた場合は、サインインし直すと上書き保存されます。

　以上でTableauを扱えるようになるための20本ノックは終了です。BIツール
の魅力やその凄さを感じていただけましたか？　誰でもグラフを簡単に作れると
いうのは勿論ですが、本当の凄さは打合せなどで活用できたときに感じられるだ
ろうと思います。これまでは説明したいストーリーに合わせたグラフが用意され、
中身の濃い分析が行われるでもなくありきたりな事実だけが語られていたのでは
ないでしょうか。これを打合せなどの場でインタラクティブに動かしながら相手
と一緒に探索できるというのは、ものすごい業務の変革であると感じています。
　次の章ではデータを理解するところを重点的に進めていきます。数多くの魅力
的な機能を実感しながら、分析のエキスパートとしての道を歩んでいきましょう。

第**2**章

データの全体像を把握する10本ノック

　本章から第4章に渡り、Tableauを活用したデータ分析を実践していきます。ここでは、ECサイトのデータを用いた「優良顧客の満足度向上に寄与するキャンペーン企画」のためのデータ分析を扱います。分析の流れとしては、①データの全体像の把握②優良顧客の定義③優良顧客の傾向分析　の順で進めていきます。

　第1章でTableauの基本機能や操作方法を学びましたが、Tableauの使い方を理解しただけではデータ分析はできません。本章からのデータ分析の実践を通じて、Tableauに慣れると同時に、データ分析の流れとポイントも押さえていきましょう。

　本章では、データ分析の最初のステップとして、データの全体像を把握します。本格的なデータ分析に入る前に、データの件数はどれくらいなのか、時系列データであればどれくらいの期間のデータなのか、売上などの指標データの代表値や分布はどのようになっているかなど、データの前提ともいえる情報を確認していきます。

　このように、扱うデータがどのようなものなのか、データの特性を正確に理解しておくことで、その後の分析や解釈の際に適切な判断を行うことが可能になります。例えば、顧客単価10000円という数字が大きいのか小さいのか、という判断は顧客単価全体の平均値や中央値などの代表値や分布を押さえておくことで初めてできるものです。

　データの前提は、分析者だけでなく、分析結果の報告を受ける方や分析結果を基に施策を練る方など、分析結果を利用する全ての方々が共通認識として把握しておくべき情報なので、忘れずに整理しておきましょう。

　また、データの確認を進める中で、分析に不要なデータを取り除くなどの簡易的なデータの加工も行います。データのクレンジングや加工はTableau Publicが得意とする領域ではないので詳しくは扱いませんが、数字に誤りがあると分析結果や分析者の信頼を大きく損なうことにも繋がります。BIツールにデータを投入する前に、プログラミングやデータ加工ツールを用いて、分析できる状態にデータを整えておくと良いでしょう。

　後続の分析をより有用なものにするためにも、本章の内容はしっかりと押さえておきましょう。

あなたの置かれている状況

　　あなたはECサイトを運営する企業のマーケティングチームに所属しています。あなたの会社は、今年の目標として「既存顧客のロイヤリティ向上」を掲げており、マーケティング担当のあなたは、「優良顧客の満足度向上のためのキャンペーン」の企画を任されました。

　　優良顧客の定義やキャンペーンの詳細はまだ決まっておらず、これからチームメンバーとも相談しながら決めていく必要があります。

　　手元にはシステムから出力した、顧客マスタ、商品マスタ、過去3年分の注文データがあり、これらのデータに基づいて検討を進めていきたいです。

　　まずはデータがどのようになっているのか、データの全体像を把握することから始めようと思います。

前提条件

　本章の10本ノックでは、ECサイトのデータを扱っていきます。

　ここで扱うECサイトは、服やバッグ、小物を商品として取り扱っています。データは表にした3種類38個のデータとなります。

　customer_master_20221231.csvは、このECサイトを利用した会員の顧客情報となります。ECサイトなどを利用する際に個人情報の登録をされるかと思いますが、それらの情報が格納されています。

　item_master_20221231.csvは、取り扱っている商品のデータとなります。商品名やそのカテゴリ、価格などの情報が存在しています。

　order_○○○○○○.csvは、購入明細のデータとなります。どの顧客がいつ、何をどのくらい購入したのかなどの情報が格納されています。また、○○○○○○はその購入詳細データが何年の何月のものなのかを示しており、2020年1月から2022年12月までの36個のデータが存在します。

■表：データ一覧

No.	ファイル名	概要
1	customer_master_20221231.csv	顧客データ。名前、性別等
2	item_mater_20221231.csv	商品データ。商品名、値段等
3-1〜3-36	order_○○○○○○.csv	注文データ。

ノック 21 データを読み込んで確認しよう

まずは、3種のデータをTableau Publicで読み込んでみましょう。

1章と同様の手順で2章のデータが格納されたファイルを開いて「customer_master_20221231.csv」を選択し、「開く」を押しましょう。

■図：データの読み込み①

データを確認すると7つのフィールドを持ち、顧客に関する個人情報が格納されていることがわかります。データの型を確認すると「文字列」と「日付」、2種のデータ型が確認できます。

同様に「item_master_20221231.csv」、「order_202001.csv」のデータも読み込み、確認してみましょう。「item_master_20221231.csv」のデータは「接続」の下部の「ファイル」から確認します。

「item_master_20221231.csv」の右のマーク（前図）をクリックすると同ファイル内のデータを表示させることができます（次図）。

■図：データの読み込み②

■図：データの確認

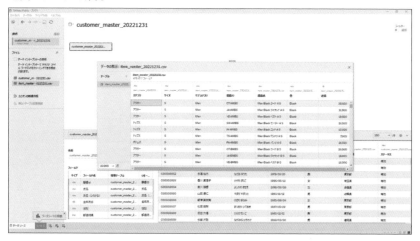

　「item_master_20221231.csv」は7つのフィールドを持ち、各商品の詳細情報が格納されていることがわかります。データの型を確認すると「文字列」と「数値」、2種のデータ型が確認できます。また、「customer_master_20221231.csv」と重複したデータを持たないことがわかります。

　最後に「order_202001.csv」を読み込んでデータを確認してみましょう。これも1章と同様に「接続の追加」から「order_202001.csv」を選択し、「開く」を押しましょう（次図）。先ほどと同様に「ファイル」から「order_202001.csv」を選択し、データを表示させます。

■図：データの追加

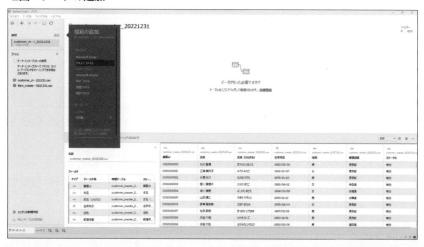

■図：データの確認

　「order_202001.csv」は9つのフィールドを持ち、購入に関する詳細データが格納されていることがわかります。データの型を確認すると「文字列」と「数値」、「日付と時刻」、3種のデータ型が確認できます。また、「customer_master_20221231.csv」とは「顧客ID」、「item_master_20201231.csv」とは「商品ID」でそれぞれ重複するデータを持つフィールドを確認することができます。しかし、このままではデータがそれぞれ別なcsvファイルにあり、分析を行うには扱いづらいです。

　よって、これらのフィールドを「キー」としてデータを結合しデータを分析しやすい形に直してあげましょう。

　そのためにまずは、「order_○○○○○○.csv」を一つに結合（ユニオン）することから始めます。

ノック 22 注文データをユニオンしよう

　注文データ「order_○○○○○○.csv」を縦方向に結合（ユニオン）していきましょう。

　まず、ファイルの下部（画面左下）にある「ユニオンの新規作成」をダブルクリックします（次図）。ユニオンの方法は「固有（手動）」、「ワイルドカード（自動）」の2種類があります。

今回は、ユニオンしたいファイルが多いので「ワイルドカード」を使って行きましょう。「ワイルドカード」を選択し、「order*」と入力します。これにより、「order」から始まるファイルをフォルダ内から自動検索し、ユニオンすることができます（次図左）。

「適応」を選択するとユニオンが作成されます（次図右）。

図：ユニオンの新規作成①

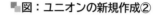

図：ユニオンの新規作成②

図：ユニオンされたデータ

分かりやすいよう、ユニオンした注文データの名前を「order.csv」に変更しましょう。名前の変更はユニオンを「右クリック」→「名前の変更」から行います（次図）。

■図：名前の変更

　次に、「商品データ」と「顧客データ」を「order.csv」にリレーションしていきましょう。

ノック 23 注文データをマスターデータにリレーションしよう

　最初に、商品データ「customer_master_20201231.csv」を注文データ「order.csv」にリレーションしましょう。「ファイル」から「customer_master_20201231.csv」を「キャンバス」の「order.csv」とオレンジ色の線が結ばれるようにドラッグ＆ドロップします（次図）。

■図：リレーション①

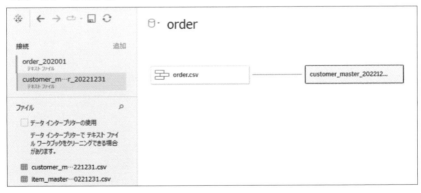

　同様に、「ファイル」から「item_master_20201231.csv」を「キャンバス」の「order.csv」とオレンジ色の線が結ばれるようにドラッグ＆ドロップします（次図）。

■図：リレーション②

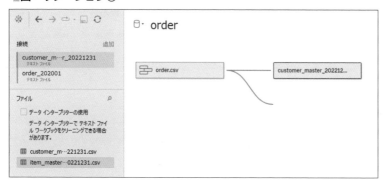

最後に紐づけの「キー」を確認しましょう。「顧客データ」は「顧客 ID」、「商品デー
タ」は「商品 ID」と正常に紐づけされていますね（次図）。

■図：キーの確認

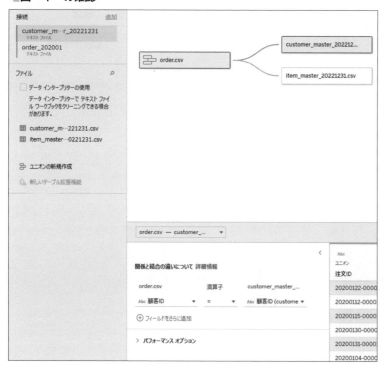

これでユニオンした注文データ「order.csv」に対して「商品データ」と「顧客データ」をリレーションすることができました。上手くデータの整備はできましたか？
次のノックから実際のデータの内容に注目していきましょう。

ノック 24 不要なデータを取り除こう

ここからは実際のデータの内容を確認していきましょう。はじめに新しいシート「シート1」を用意します（次図左）。

次に、「データ」ペインの「order.csv」に注目してみましょう。ここから「全体の発注数」を確認します。「行」に「注文ステータス」フィールドをドラッグ＆ドロップします。シートを見ると、この注文データは「キャンセル」と「発注済み」、2種類の属性を持つことがわかります（次図右）。

■図：テーブルの確認

■図：注文ステータスの確認

　では、この「キャンセル」と「発送済み」の数量を確認しましょう。「データ」ペインの「order.csv（カウント）」フィールドを、「マーク」カードの「テキスト」にドラッグ＆ドロップします。これで数量をシート上で確認することができるようになりました（次図左）。

　「キャンセル」が2069件、「発送済み」が97707件であり注文全体の約2%がキャンセルされていることがわかります。ここではさらにフィルターを追加し、表示される「注文ステータス」を選択できるようにしましょう。「行」の「注文ステータス」を「右クリック」→「フィルターの表示」をクリックします（次図右）。

■図：注文の数量　　　　**■図：フィルターの追加**

　すると、画面右に「注文ステータス」のフィルターが追加されました。
　このチェックマークを選択することで表示される「注文ステータス」を選択することができます。フィルターを用いる事により適宜、不要なデータを取り除き必要なデータのみを使うことや比較することが可能となります。
　フィルターでは「選択した属性を表示させる」だけではなく、「選択した属性を非表示にする」こともできます。

■図：フィルターの操作

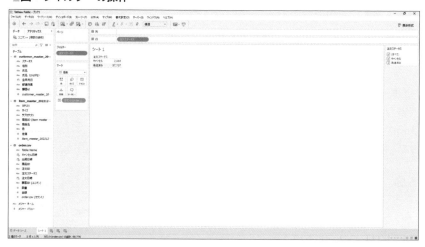

　画面右の「注文ステータス」フィルターを「右クリック」→「値の除外」をクリック
します。

■図：除外のフィルター

　「キャンセル」にチェックマークをつけてみましょう。すると「発注済み」のみを表示させることができました。以後、「キャンセル」となったデータはこのフィルターで取り除き、「発注済み」のデータのみを分析に使用していきます。

　利便性のため、「フィルター」シェルフの「注文ステータス」を「右クリック」→「適応先ワークシート」→「このデータソースを使用するすべて」を選択しておきましょう。同様に「右クリック」→「コンテキストに追加」も選択します。

■図：キャンセルの除外

　このようにTableauではグラフを作りデータを「可視化による比較」だけではなく、集計表を作りデータに対し「数値による比較」をすることもできます。

　データ分析はグラフによる可視化によって問題の発見や考察をすることが多いです。そのため、より意味のある可視化に向けて集計表を使い実際の数値をしっかりと確認することや、計算フィールドを用いた計算結果を確認することは「データ分析の土台」となります。

　また、データは必ずしも分析し易いよう整っているわけではありません。簡単なデータの加工はTableauで行えますが、複雑な加工が必要とされる場合があります。その時は「Tableau Prep」や「プログラミング」を用いてデータを整えてあげましょう。

ノック 25 データの期間を確認しよう

　注文データは事前に2020年1月から2022年12月までの36ヶ月分ということがわかっていますが、詳細な注文日時はいつからいつまでなのでしょうか？データの期間は、これから分析を進めるうえで前提となる部分なので、正しく把握しておきましょう。

　さっそく見ていきましょう。

　今回は最初と最後の注文日時を調べ、より詳細な期間を表示してみます。

　まずは、「最後の注文日時」を見てみましょう。「データ」ペインから「注文日時」を「右クリック」→「マーク」カードの「テキスト」にドラッグ＆ドロップします（次図左）。

　すると「フィールドのドロップ」というタブが開かれます。今は最後の注文日を見たいので「最大値（注文日時）」を選択し、「OK」をクリックします（次図右）。

■図：注文日時の選択　　　　　　■図：最大値（注文日時）

これで「最後の注文日時」がシートに表示されました（次図左）。

　同様の手順で「最小値（注文日時）」を選択すると、「最初の注文日時」を表示させることができます（次図右）。

■図：最後の注文日時　　　　　■図：注文期間

　最後にこの作成した2つのテキストを見やすいよう「ラベルの編集」をしてみましょう。「マーク」カードの「テキスト」をクリックするとシートにあるテキストを編集することができます。「…」をクリックし実際に編集してみましょう。

■図：ラベルの編集①

　今回は「最小値（注文期間）」と「最大値（注文期間）」の間に文字列として"～"を付け加え「OK」をクリックします。

図：ラベルの編集②

これで「注文期間」をシートに表示することができました。

図：実際の注文期間

　このように「テキスト」にしたフィールドを文字列と組み合わせることでただ数値を表示するだけではなく、見やすい形や数式などにして表示させることができます。

　データ分析において時系列を表すデータの型「日付」、「日付と時刻」は「大きな切り口」となります。グラフの軸にすることや、異なる年の同月の売上を比べることで様々な指標を定めることが可能なデータの型であることを覚えて置きましょう。

ノック 26 データの件数や代表値を確認しよう

　このノックでは注文データから「注文の数」と「金額」に注目しいくつかの「基本統計量」を確認してみましょう。ここでは「メジャーネーム」と「メジャーバリュー」を活用してデータを見てみます。「メジャーネーム」とは「メジャーに属するフィールド名」をまとめたものであり、「メジャーバリュー」とは「メジャーに属するフィールド値」をまとめたものです。どちらもデータを接続すると必ず存在するフィールドです。いくつかのフィールドをまとめて使いたい時に役立つので覚えて置きましょう。

　それでは実際にシート作成していきましょう。まず、「メジャーバリュー」を「マーク」カードの「テキスト」に、「行」に「メジャーネーム」をそれぞれドラッグ＆ドロップします。これにより「メジャーネーム」ごとに「メジャーバリュー」が分けられた集計表が出来上がります。

■図：メジャーバリューとメジャーネーム

　今回は「注文の数」と「金額」を表示させたいので、「フィルター」の「メジャーネーム」から不要なメジャーネームを削除しましょう。

　「フィルター」の「メジャーネーム」を「右クリック」→「フィルターの編集」を選択します。

■図：メジャーネームとフィルター

　これにより、「フィルター（メジャーネーム）」のタブから任意のフィルターを選択することができます。「order.csvのカウント」と「金額」をチェックし「OK」を選択します。

■図：フィルターの選択

これで「order.csv のカウント」と「金額」の集計表を表示することができました。

■図：注文の数と金額の集計表

ここに加え、金額の「平均値」、「中央値」、「最小値」、「最大値」を追加していきましょう。「メジャーバリュー」シェルフへ「金額」フィールドを右クリックでドラッグ＆ドロップします。「フィールドのドロップ」のタブから「平均（金額）」を選択し、「OK」をクリックしましょう。

「中央値（金額）」、「最小値（金額）」、「最大値（金額）」に対しても同様の流れを行います。これで基本統計量を集計表にすることができました。

■図：形式の選択

図：基本統計量の集計表

　基本統計量には今回集計した「代表値」と呼ばれるものと、「散布度」と呼ばれる
データのばらつき具合を確認するものの2種類があります。どちらもデータの全
体像を把握するのに大切な値です。確認せずデータを分析を始めると誤った結果
を生んでしまう原因につながるので、集計表にして確認するようにしましょう。
また、「散布度」も図「形式の選択」（p.103）から選択できますので余裕がある方は
確認してみましょう。
　データの全体の「大きさ」が把握できたので次は、実際に可視化をしてデータの
「ばらつき」を見ていきましょう。

27 顧客別の購入代金を算出しよう

　ノック26で「1注文あたりの平均金額」について確認することができたと思います。
　では、「顧客1人あたりの金額」はどうでしょうか？　今回は優良顧客分析がテー
マであることから、データの粒度としては顧客単位での分析が基本となるので、こ

ちらも見ていきましょう。ノック21で確認した通り「顧客データ」は19024件、「注文の数」は99776件あります。顧客データに欠損はないことから、1人の顧客が複数回購入していると考えられます。ここでは「ヒストグラム」を用いて「顧客別の注文金額」を視覚的に確認してみましょう。

　「ヒストグラム」は1つのあるメジャーに対して、その「分布」や「ばらつき具合」を確認するのに有用なグラフです。

　まず、計算フィールドを用いて「顧客別注文金額」を求めて見ましょう。「データ」ペインから「金額」フィールドを「右クリック」→「作成」→「計算フィールド」を選択します。

▉図：計算フィールドの作成①

　次に、計算フィールドに記述をしてみましょう。

・顧客別注文金額

```
{FIXED [顧客id] : SUM([金額])}
```

■ 図：計算フィールドの作成②

　FIXED関数を使い、顧客ごとに金額の合計を出す計算フィールドになっています。
　もう一つ、「ビン」を作っていきましょう。「ビン」は粒度が細かくなるほどグラフがなめらかになります。「データ」ペインから先程作成した「顧客別注文金額」フィールドを「右クリック」→「作成」→「ビン」を選択します。

■ 図：ビンの作成①

　次に、「ビンの編集（顧客別売上）」からフィールド名を「顧客単価（ビン）」に書き直し、「ビンのサイズ」を「50,000」にします。設定が終わったら「OK」を選択します。

■図：ビンの作成②

作成した「顧客単価(ビン)」フィールドを「連続に変換」しましょう。
「データ」ペインから「顧客単価(ビン)」を「右クリック」→「連続に変換」を選択します(次図左)。

準備が整ったので「ヒストグラム」を作成しましょう。
「データ」ペインから「列」に「顧客単価(ビン)」、右クリックで「行」に「顧客別注文金額」をドラッグ＆ドロップします。表示された「フィールドのドロップ」から「カウント(顧客別注文金額)」を選択し、「OK」をクリックしましょう(次図右)。

■図：ビンの作成③

■図：カウント(顧客別注文金額)

これで「ヒストグラム」が表示されました。

■ 図：ヒストグラム

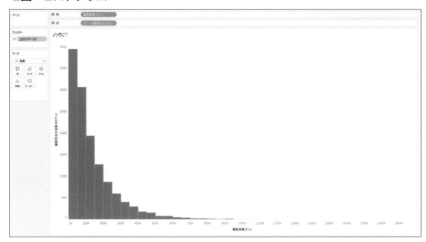

　「顧客単価」が上昇するほど「顧客人数」は減少することが視覚的に確認できます。
　「ヒストグラム」は「棒グラフ」と比較されることがありますが、一番の違いはグラフの分け方が「連続フィールド」か「不連続フィールド」かです。
　次は「顧客単価」に対する「顧客数」の累計比率を確認しましょう。

ノック 28 顧客単価に対する顧客数の累計比率を見よう

　ノック27で顧客単価50,000ごとの顧客数を確認することができたと思います。
　顧客数は少ないですが、より顧客単価の高い層が「優良顧客」と言えるのでしょうか？
　それとも、顧客数は多いが、顧客単価の低い層が「優良顧客」なのでしょうか？
　「顧客単価」に対する「顧客数」の累計比率を確認することで「顧客の分布」を可視化してみましょう。ここではノック27で作ったヒストグラムを編集していきます。
　まず、「マーク」カードの「自動」を「線」に変更します。
　次に「行」の「カウント（顧客別注文金額）」を「右クリック」→「表計算を追加」を選択します（次図左）。

　「表計算」を編集してみましょう。「プライマリ計算タイプ」は「累計、合計」、「セカンダリ計算タイプ」は「合計に対する割合」にしましょう。「セカンダリ計算タイプ」は「プライマリで足りない計算」を補うために使います。今ならば、「ビンごとに顧客数を累計してく」に加えて「顧客数全体に対する累計した顧客数の割合」を求めるために使用しています（次図右）。

◼️図：表計算の追加

◼️図：表計算

　これで「顧客単価に対する顧客数の累計売上比率」を可視化することができました。

◼️図：顧客単価に対する顧客数の累計売上比率

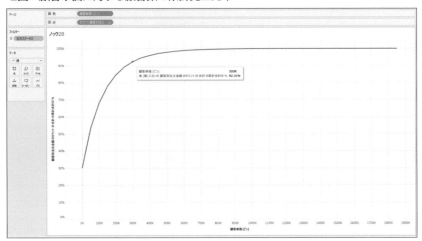

　顧客単価300,000の時点で全体の約90%のユーザーがいることを確認できます。

　次のノックで掘り下げて行きましょう。

ノック 29　パレート図を作ってみよう

　ノック27、ノック28で作成したグラフを組み合わせて「パレート図」を作成してみましょう。「パレート図」とは、全体を構成するデータ中、「2割」が「全体の8割」に貢献しているという「パレートの法則」を可視化した複合グラフのことです。

　それでは作成していきましょう。ノック27のグラフをもとに作成します。

　まず、「データ」ペインから「顧客別注文金額」を「行」の「カウント（顧客別注文金額）」の左側に右クリックでドラッグ＆ドロップし、「カウント（顧客別注文金額）」を選択します。そして、「行」の右側の「カウント（顧客別注文金額）」を「右クリック」→「二重軸」を選択します。

■図：二重軸

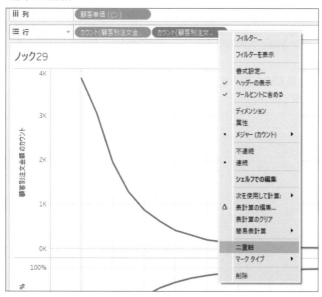

　「マーク」カード上部の「カウント（顧客別注文金額）」のマークタイプを「棒」にし、「色」→「色の編集」から2つのグラフを異なる色に変えます。

■図：色変更

これでパレート図が完成しました。

■図：パレート図

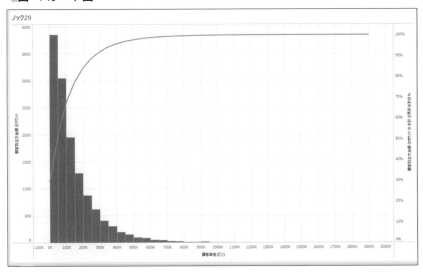

最後に「顧客別注文金額累計比率」が80%の場所に「固定線」を引きましょう。
「アナリティクス」ペインの「定数線」を下側の「カウント（顧客別注文金額）」にド
ラッグ&ドロップし、「0.8」と入力します。

図：定数線

　これで80%のラインがわかりおよそ顧客単価0 ～ 200,000の層が顧客全体の80%を占めることがわかりました。「パレート図」は商品分析や顧客分析でよく使われる複合グラフですので覚えて置きましょう。

ノック 30 顧客単価ごとの累計金額を確認しよう

　ノック29で「パレートの法則」へ理解が深まりました。では、実際に高い合計金額（（利益）を出しているのはどの顧客単価層なのでしょうか？　確認していきましょう。
　まず、「データ」ペインから「列」に「顧客単価（ビン）」、「行」に「顧客別注文金額」をドラッグ＆ドロップします。これで各ビンに対する合計金額が可視化されました。

■図：合計金額

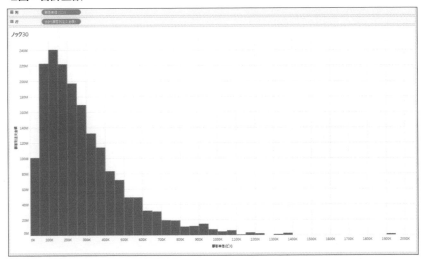

　次に、ノック29同様「データ」ペインから「顧客別注文金額」を「行」の「合計（顧客別注文金額）」の左側にドラッグ＆ドロップします。そして、「行」の右側の「合計（顧客別注文金額）」を「右クリック」→「二重軸」を選択します。
　最後に「行」の右側の「合計(顧客別注文金額)」を「右クリック」→「表計算を追加」を選択し表計算を設定します。

■図：表計算

　「マーク」カード下部の「合計（顧客別注文金額）」のマークタイプを「線」にし「パレート図」が完成しました。

■図：パレート図

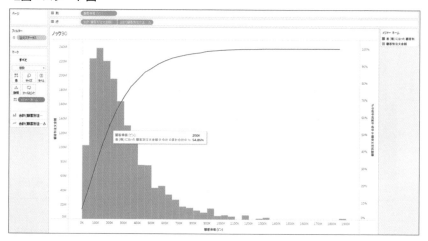

　このグラフを見てみると、顧客単価0 ～ 200,000の顧客層が全体金額の約50%を賄っていることがわかります。
　ここまでのデータ分析をまとめると注目すべき点が2つあります

1. 顧客単価0 ～ 200,000の顧客層が顧客全体の約80%を占める
2. 顧客単価0 ～ 200,000の顧客層が全体金額の約50%を賄っている

　ここから、「優良顧客」は「全体金額の約50%を支えている顧客単価上位20%」、もしくは「同じく全体金額の約50%を支えている残りの顧客80%」なのか決定することはできるでしょうか？

　2章でデータの全体像は把握できたでしょうか？データを分析する前にデータの代表値や分布を確認することは地味な作業に思えるかもしれませんが、誤った分析結果を生まないためにも必要な工程になります。この章で捉えたデータの特徴を念頭に置き3章に進みましょう。

第**3**章

優良顧客を定義する10本ノック
～RFM分析～

　本章では前章に引き続き、ECサイトのデータを活用した「優良顧客の満足度向上に寄与するキャンペーン企画」をテーマに分析を進めていきます。

　前章では基本的な数値の確認と分布の可視化を通じてデータの全体像を把握し、データ分析の第一歩を踏み出しました。ここからはさらに踏み込んだ分析をしていきましょう。

　分析の流れは①データの全体像の把握②優良顧客の定義③優良顧客の傾向分析でしたね。

　具体的な施策の検討を行うには、まずは優良顧客の定義が必要です。本章では、マーケティングにおいて優良顧客分析でよく使われる手法である「RFM分析」により優良顧客を定量的に定義していきます。

　RFM分析とは、Recency（最終購入日）Frequency（購入頻度）Monetary（購入金額）の3つの観点から顧客を評価し、スコアリングまたはグルーピングする手法です。

　顧客の過去の購買行動を基に効率的に分析を進めることができる一方で、顧客の属性情報などRFM以外の要素や、「将来的に優良顧客になり得る」といった予測は考慮されていないので注意しましょう。

　前章よりも複雑な集計や可視化をたくさん行っていきます。分析は試行錯誤の連続であることを念頭に置いて、どんどんチャレンジしていきましょう！

あなたの置かれている状況

　あなたは、「優良顧客の満足度向上のためのキャンペーン」の企画をまかされました。

　集計表や可視化を駆使してデータの全体像を把握することができましたが、いまだ「優良顧客」がどのような顧客かが把握できていません。様々な切り口からデータの振る舞い方を観察し、「優良顧客」を定義しようと思います。

ノック 31 顧客別の最終注文日を算出しよう

　2章では「顧客ごとの単価」をメインにデータの全体像を考えてきました。しかしこの分析結果のみで「優良顧客」を定義することは難しいでしょう。ここでは新たに、「時系列を表すデータ」を切り口に分析を進めていきましょう。

　まずは、顧客別に「最終注文日」を集計表にしていきます。

　「データ」ペインから「注文日時」のフィールドを「右クリック」→「作成」→「計算フィールド」を選択します。

■図：計算フィールドの作成①

　次は、計算フィールドに式を記述しましょう。

・最終注文日時

```
{FIXED [顧客id] : MAX([注文日時])}
```

図：計算フィールドの作成②

前章でも使用したFIXED関数を使い、顧客ごとに最終注文日時を出す計算フィールドになっています。

それでは、集計表を作っていきましょう。「データ」ペインから「行」に「顧客id」のフィールドをドラッグ＆ドロップ、「最終注文日時」を右クリックでドロップ＆ドロップします。「フィールドのドロップ」では「最終注文日時（不連続）」を選択し、「OK」をクリックしましょう。

これで顧客ごとの最終注文日の集計表ができました。

図：フィールドのドロップ

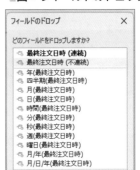

■図：最終注文日の集計表

　顧客ごとの最終注文日を調べることにより「最終注文日からの経過日数」を数値化することができます。次のノックで「経過日数」も集計表に加えていきましょう。

ノック 32 最終購入日からの経過日数を算出しよう

　ノック31で作成した集計表に「今日の日付」、「最終注文日からの経過日数」の2つを追加していきましょう。便宜上、「今日の日付」は「2023年1月1日」とします。
　まずは、計算フィールドを使い追加したいフィールドを作成しましょう。
　「メニュー」から「分析」→「計算フィールドの作成」を選択します。

■図：計算フィールドの作成①

```
分析(A)  マップ(M)  書式設定(O)  サーバー(S)
      マーク ラベルを表示(H)
  ✓  メジャーの集計(A)
      スタック マーク(M)                    ▶
 ▦    データの表示(V)...
      データの説明を見る                    ▶
      非表示のデータを表示(R)

      パーセンテージ(N)                     ▶

      合計(O)                             ▶
      予測(F)                             ▶
      傾向線(T)                           ▶
      特殊な値(S)                          ▶
      表のレイアウト(B)                     ▶

      凡例(L)                             ▶
      フィルター(I)                        ▶
      ハイライター(H)                      ▶
      パラメーター(P)                       ▶

      計算フィールドの作成(C)...
      計算フィールドの編集(U)                ▶
      欠落した値のプロパティを推論

      フィールドのサイクル表示(E)
      行と列の交換(W)              Ctrl+W
```

　次は、計算フィールドに式を記述しましょう。

・本日

```
DATE("2023-01-01")
```

■図：計算フィールドの作成②

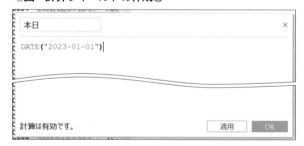

```
本日                                              ×

DATE("2023-01-01")|
```

```
計算は有効です。              適用      OK
```


　DATE関数は「日付」のデータ型を作成する関数です。時系列を表すデータは
Tableauに接続した際、データの記述の仕方によって「日付」や「日付と時刻」の
データ型に自動認識されないことがあります。そのような時は、今回は紹介のみ

になりますが「DATEPARSE関数」、「MAKEDATE関数」を活用しデータ型を変更
しましょう。

　続いて、「最終注文日からの経過日数」を求める計算フィールドを作成していき
ます。
　先程と同様、「メニュー」から「分析」→「計算フィールドの作成」を選択し式を記
述します。

・最終注文日からの経過日数

```
{FIXED [顧客id] : MAX(DATEDIFF('day', [最終注文日時], [本日]))}
```

■図：計算フィールドの作成③

DATEDIFF関数は「指定した粒度」で「2つの
日付の差」、つまり「期間」を求める関数です。
　それでは、集計表に追加していきましょう。
「データ」ペインから「本日」のフィールドを「行」
に右クリックでドラッグ＆ドロップ、「フィー
ルドのドロップ」は「本日（不連続）」を選択し、
「OK」をクリックします。

■図：フィールドのドロップ

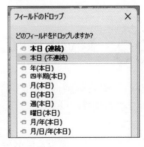

　「データ」ペインから「最終注文日からの経過日
数」のフィールドを「マーク」カードの「テキスト」
にドラッグ＆ドロップします。これで経過日数の
集計表が完成しました。最後にデータを見やすいよう「降順」にしましょう。

■図：経過日の数集計表

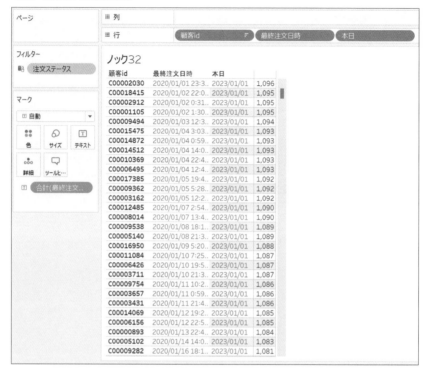

経過日数の最大が「1,096」、最小が「1」であることが集計表から確認できます。
では、「データのばらつき」はどうなっているか集計表から確認できるでしょうか？
次のノックでデータのばらつきを「可視化」していきましょう。

ノック 33 経過日数の分布を確認しよう

　2章で「顧客単価」のばらつきをどのように確認したか覚えていますか？この
ノックでも同様に「ヒストグラム」を用いてデータのばらつきを「可視化」により確
認しましょう。

　まずは、ヒストグラムに必要不可欠な「ビン」から作成します。「データ」ペイン
から「最終注文日からの経過日数」のフィールドを「右クリック」→「作成」→「ビン」
を選択します。

■図：ビンの作成

「ビンの編集」では「ビンのサイズ」を「10」に設定し10日間ごとの分布を見てみましょう。設定が終わったら「OK」を選択します。

前章で触れた通り、ヒストグラムはグラフの分け方が「連続」になるので、「データ」ペインから「最終注文日からの経過日数（ビン）」のフィールドを「右クリック」→「連続に変換」を選択しておきましょう。

■図：ビンの編集

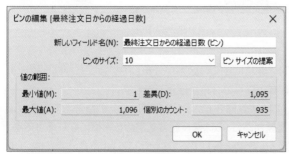

準備が整ったのでヒストグラムを作成していきましょう。「列」に「データ」ペインから「最終注文日からの経過日数（ビン）」をドラッグ＆ドロップ、「行」に「最終注文日からの経過日数」のフィールドを右クリックでドラッグ＆ドロップします。「フィールドのドロップ」は「カウント（最終注文日からの経過日数）」を選択し、「OK」をクリックします。

■図：フィールドのドロップ

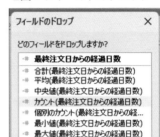

これで経過日数のヒストグラムが完成しました。

■図：経過日数のヒストグラム

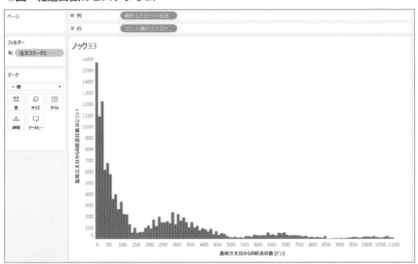

経過日数が「1 ～ 30日」に非常に多くの顧客が分布していることが確認できます。また、「300日前後」にも山なりの分布が確認できます。

ここで、「経過日数が短い」＝「優良顧客」ということが言えるのか考えてみましょう。確かに、「直近で購入履歴がある」のは優良顧客を定める指標になりそうです。しかし、それが「初めての購入（新規顧客）」であればどうでしょうか？または、「単価の低い顧客」である可能性は無いでしょうか？　「経過日数」だけで優良顧客を判断するのは難しそうですね。

次のノックでは、さらに「購入頻度」を切り口にデータを分析していきましょう。

ノック34 顧客別の購入頻度を算出しよう

2章では「顧客単価」、ノック33では「最終購入日からの経過日数」を切り口としてデータを分析してきました。このノックでは「購入頻度」を切り口にし、データの振る舞いを観察してみましょう。

まずは、顧客ごとの「購入回数」を集計表にしてみましょう。「行」に「データ」ペインから「顧客id」、「注文日時」フィールドをドラッグ＆ドロップします。

そして、「データ」ペインから「order.csv（カウント）」のフィールドを「マーク」カードの「テキスト」へドラッグ＆ドロップします。これで集計表が完成しました。

最後にデータを見やすいよう「降順」に並び替えましょう。「行」の「顧客id」を「右クリック」→「並べ替え」を選択します（次図左）。

「並べ替え」は「ネスト」、「並べ替え順序」は「降順」を選択します（次図右）。

■図：顧客idの並べ替え

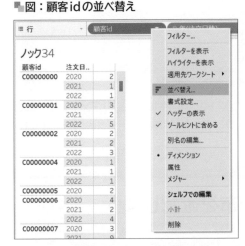

■図：並べ替えの設定

これで、顧客ごとの購入回数の集計表が完成しました。

図：購入回数の集計表

　購入回数最多の顧客は「100回以上」、最小の顧客は「1回」の注文ということが集計表からわかります。「購入頻度」についても今まで同様、データのばらつきを「可視化」して確認していきましょう。

ノック 35 購入頻度の分布を確認しよう

　このノックでも「ヒストグラム」を用いて「購入頻度」のばらつきを確認しましょう。
　まずは、「ビン」を作成するために「顧客ごとの購入回数」のフィールドを作成しましょう。「データ」ペインの「注文 id」のフィールドを「右クリック」→「作成」→「計算フィールド」を選択します。

■ 図：計算フィールドの作成①

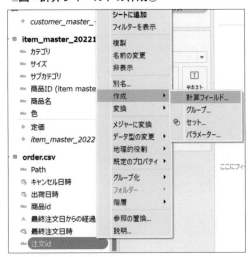

次に計算フィールドを記述しましょう。

・顧客別購入回数

```
{FIXED [顧客id] : COUNT([注文id])}
```

■ 図：計算フィールドの作成②

　FIXED関数を使い、顧客ごとに「注文id」の出現回数を数えています。COUNT
関数を使い出現回数を数えましょう。
　「顧客別購入回数」のフィールドが作成できたので、ここから「ビン」を作成しま
しょう。「データ」ペインから「顧客別購入回数」のフィールドを「右クリック」→「作
成」→「ビン」を選択します。

■図：ビンの作成

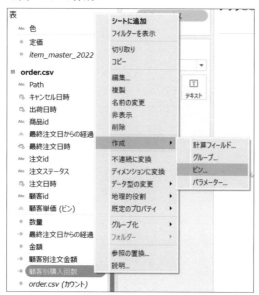

「ビンの編集」では「ビンのサイズ」を「2」にし、「OK」を選択します。

■図：ビンの編集

ビンの編集 [顧客別購入回数]		×
新しいフィールド名(N):	顧客別購入回数 (ビン)	
ビンのサイズ:	2 ∨	ビン サイズの提案
値の範囲:		
最小値(M): 1	差異(D):	104
最大値(A): 105	個別のカウント:	68
	OK	キャンセル

　ヒストグラムはグラフの分け方が「連続」になるので、「データ」ペインから「顧客別購入回数（ビン）」のフィールドを「右クリック」→「連続に変換」を選択しておきましょう。

準備が整ったので「ヒストグラム」を作成しましょう。「列」に「データ」ペインから「顧客別購入回数 (ビン)」のフィールドをドラッグ＆ドロップ、「行」に「顧客別購入回数」のフィールドを右クリックでドラッグ＆ドロップします。「フィールドのドロップ」は「カウント (顧客別購入回数)」を選択し「OK」をクリックしましょう。

これで購入回数のヒストグラムが完成しました。

■図：フィールドのドロップ

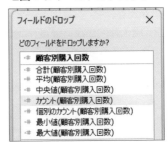

■図：購入回数のヒストグラム

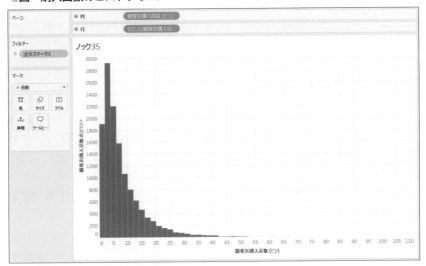

購入回数が「1 〜 10回」に多くの顧客が分布していることが確認できます。「最終注文日からの経過日数」で考えたように、ここでも「購入頻度が高い」＝「優良顧客」といえるか考えていきましょう。

確かに、「購入頻度が高い」ということも優良顧客を定める指標になりそうです。しかし、購入頻度が高くても「購入履歴が2020年にしかない顧客」や「単価の低い顧客」は優良顧客でしょうか？やはり「1 つの切り口」のみで優良顧客を判断するのは難しそうです。

これまでの分析をまとめましょう。

1. 「経過日数が短い顧客」は優良顧客でありそうだが、「新規の顧客」である可能性がある。
2. 「購入頻度が高い顧客」は優良顧客でありそうだが、「直近の購入履歴はない顧客」である可能性がある。

では、「直近の購入履歴があり、購入頻度の高い顧客」はどうでしょうか？
次のノックでこの2つの切り口の「関係性」を見ていきましょう。

ノック 36 最終注文日からの経過日数と購入頻度の関係性を見てみよう

　このノックでは2つの切り口からデータを分析していきましょう。いままでは分析の対象が「1つのメジャー」であったことから「ヒストグラム」を用いてデータの分布を確認してきました。では、対象が「2つのメジャー」でありその「関係性」を可視化したい時はどのようにすれば良いでしょうか？このような場合、「散布図」が有効に活用できます。

　「散布図」は線グラフやヒストグラムのような「1つのメジャーからデータの傾向や分布を把握するグラフ」とは異なり、「2つのメジャーの関係性や外れ値を把握するグラフ」となります。このノックで散布図を使いこなせるようになりましょう。

　まずは、「行」に「データ」ペインから「最終注文日からの経過日数」のフィールドを右クリックでドラッグ＆ドロップします。「フィールドのドロップ」は「最終注文日からの経過日数」を選択し、「OK」をクリックします（次図左）。

　「列」は「データ」ペインから「顧客別購入回数」のフィールドを右クリックでドラッグ＆ドロップします。「フィールドのドロップ」は「顧客別購入回数」を選択し、「OK」をクリックします（次図右）。

■図：フィールドのドロップ①

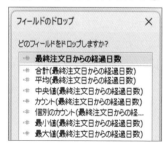

■図：フィールドのドロップ②

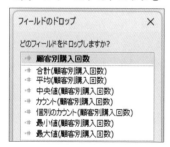

これで散布図が完成しました。

■図：経過日数と購入回数の散布図①

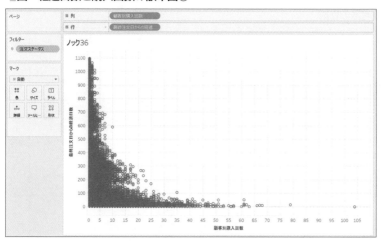

散布図にもう少し情報を付け足していきましょう。「データ」ペインの「顧客id」のフィールドを「マーク」カードの「詳細」に、「顧客別注文金額」のフィールドを「マーク」カードの「サイズ」にドラッグ＆ドロップします。

これにより散布図のプロットにカーソルをあわせた時に、顧客idが表示されるようになり、単価の高い顧客のプロットが大きく表示されるようになりました。

■図：経過日数と購入回数の散布図②

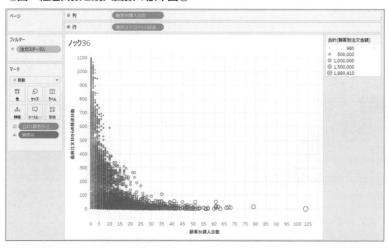

最後に、「傾向線」を引いてあげましょう。「アナリティクス」ペインから「傾向線」を「ビュー」方向にドラッグし、「線形」にドロップします。

■図：傾向線の作成

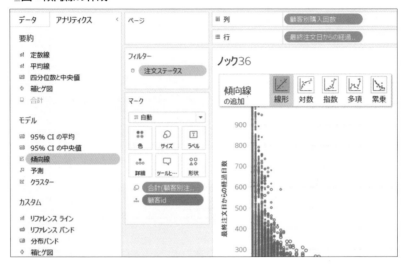

これで情報の追加された散布図が完成しました。

■図：経過日数と購入回数の散布図③

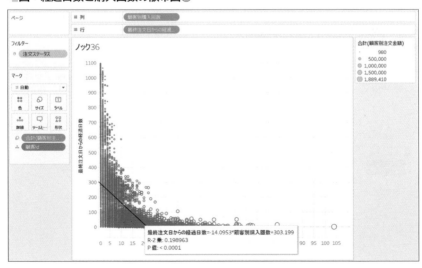

「傾向線」とは散布図上のデータの傾向を表しています。つまり、今は「傾きがマイナス」ですから「購入回数が多いほど経過時間が短くなる」という傾向を表しています。傾向線の式は「最小二乗推定法」により決定されています。

「R-2乗」とは「決定係数」を表しており、傾向線の式がデータにどれだけ当てはまっているかを表す値です。閾値は分析者に委ねられます。

「P値」とは「傾向線がどれほど信頼できるものか」を表す値です。一般的に5%や1%未満であれば信頼できるとされています。それぞれの詳しい意味は「統計学」の専門書を参考にしてください。

散布図による可視化により、「最終注文日からの経過時間が短く、購入回数が多い」と考えられる顧客の「顧客単価」までビジュアル的に捉えることができました。

しかしまだ問題はあります。それは「優良顧客を定める具体的な閾値の設定」です。閾値はどのように設定すれば良いでしょうか？閾値の設定は分析者に委ねられますが、今回は「優良顧客の満足度向上のためのキャンペーン」の企画のためにデータ分析をしています。

よって、第三者が見た時に「解釈のかんたんな閾値」が望ましいです。次のノックでいくつか「具体的な閾値」を定めていきましょう。

ノック37 散布図に四分位数を入れてみよう

ノック36の「行」と「列」をそれぞれ「合計」にした散布図の「最終注文日からの経過日数」、「顧客別購入回数」それぞれに「四分位数」を閾値として入れてあげましょう。

まずは「行」の「最終注文日からの経過日数」を「右クリック」→「メジャー」→「合計」を選択します。「列」にも同様の処理を行いましょう。

見やすくするために散布図から「傾向線」を「ビュー」外にドラッグ＆ドロップし削除しましょう。また、縦軸の「最終注文日からの経過日数」を「右クリック」→「軸の編集」を選択し、「スケール」の「反転」を選択しましょう。

■図：軸の編集

　それでは「四分位数」を散布図に入れていきます。「アナリティクス」ペインから「リファレンスライン」を「ビュー」方向にドラッグし、「表」の「最終注文日からの経過日数」にドロップします。

■図：リファレンスラインの作成

　次に、「リファレンスラインの編集」から「分布」を選択します。「値」は「四分位数」、「ラベル」は「なし」、「線」は「点線」、「対称」を選択し「OK」をクリックします。

■図：リファレンスラインの編集

　これで「最終購入日からの経過日数」の四分位数が表示されました。「顧客別購入回数」に対しても同様の手順で「四分位数」を表示させてあげましょう。最後に「顧客別注文金額」の「四分位数」も表示させましょう。「合計（顧客別注文金額）」カードの下を「右クリック」→「サマリー」を選択します（次図左）。

　「サマリー」カードの右上「▼」をクリックし、「第1四分位数」と「第3四分位数」を選択します（次図右）。

■図：サマリーの追加

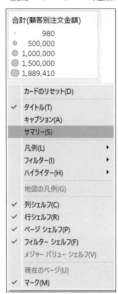

■図：サマリーの選択

完成した散布図を確認してみましょう。

■図：散布図と四分位数。

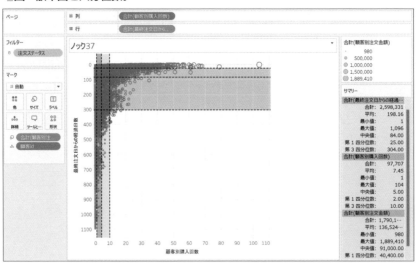

四分位数でラインを引くことにより散布図上の顧客をいくつかのグループに分けることができそうです。今回は「最終注文日からの経過日数」、「顧客別購入回数」、「顧客別注文金額」それぞれに対して「第1四分位数以下（下位25%）」、「第1四分位数から中央値（25% ～ 50%）」、「中央値から第3四分位数（50% ～ 75%）」、「第3四分位数以上（上位25%）」の4グループに分けます。

このグループから「優良顧客」を定義していきましょう。

ノック38 顧客をスコアリングしよう

ノック37では「四分位数」を閾値とし、顧客を4グループに分けました。このノックでは閾値を基準に顧客をスコアリングしていきましょう。この4グループに1～4のスコアを振り分け、表にします（スコアは高いほどよいとします）。

■スコア表

スコア	経過日数	購入回数	注文金額
4	25日以内 （第1四分位数）	10回以上 （第3四分位数）	182,185円以上 （第3四分位数）
3	26～84日以内 （第1四分位数～中央値）	9～5回以内 （第3四分位数～中央値）	182,185円未満 91,000円以上 （第3四分位数～中央値）
2	85～304日以内 （中央値～第3四分位数）	4～2回以内 （中央値～第1四分位数）	91,000円未満 40,400円以上 （中央値～第1四分位数）
1	305日以上 （第3四分位数）	1回（第1四分位数）	40,400円未満 （第1四分位数）

表の具体的な数値は前ノックで作成した「サマリー」を確認することで得ることができます。

それでは、顧客ごとにスコアをつけていきましょう。
「メニュー」の「分析」→「計算フィールドの作成」を選択します。

■図：計算フィールドの作成

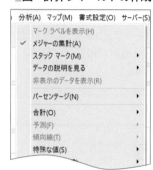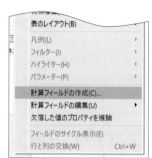

まず、「Recency score（経過日数のスコア）」の計算フィールドから作成します。

・Recency score

```
IF ［最終注文日からの経過日数］ <= 25 THEN "4: 25日≧"
ELSEIF ［最終注文日からの経過日数］ <= 84 THEN "3: 84日≧"
ELSEIF ［最終注文日からの経過日数］ <= 304 THEN "2: 304日≧"
ELSEIF ［最終注文日からの経過日数］ >= 305 THEN "1: 305日≦"
END
```

■図：Recency score

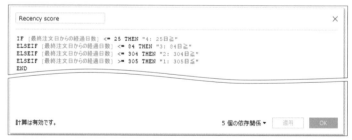

次に、「Frequency score（購入回数のスコア）」の計算フィールドを作成します。

・Frequency score

```
IF ［顧客別購入回数］ >= 10 THEN "4: 10回≦"
ELSEIF ［顧客別購入回数］ >= 5 THEN "3: 5回≦"
ELSEIF ［顧客別購入回数］ >= 2 THEN "2: 2回≦"
ELSEIF ［顧客別購入回数］ = 1 THEN "1: 1回"
END
```

■図：Frequency score

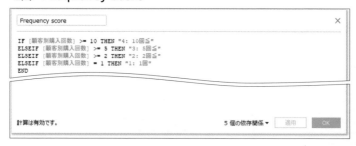

最後に、「Monetary score（注文金額のスコア）」の計算フィールドを作成します。

・Monetary score

IF [顧客別注文金額] >= 182185 THEN "4: 182,185円≦"
ELSEIF [顧客別注文金額] >= 91000 THEN "3: 91,000円≦"
ELSEIF [顧客別注文金額] >= 40400 THEN "2: 40,400円≦"
ELSEIF [顧客別注文金額] < 40400 THEN "1: 40,400円≧"
END

■図：Monetary score

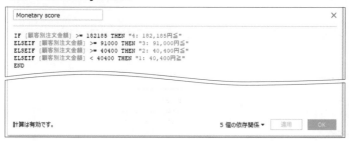

　準備が整ったので可視化していきましょう。

　あらかじめ、「ツールバー」の「ドロップダウンリスト」から「標準」を「ビュー全体」に変更します。

　まず、「行」に「データ」ペインから「Recency score」フィールドを右クリックでドラッグ＆ドロップします。「フィールドのドロップ」は「Recency score」を選択し、「OK」をクリックします（次図左）。

　「列」に「データ」ペインから「Frequency score」のフィールドを右クリックでドラッグ＆ドロップします。「フィールドのドロップ」は「Frequency score」を

選択し、「OK」をクリックします（次図右）。

■図：フィールドのドロップ①

■図：フィールドのドロップ②

次に、「データ」ペインから「顧客id」のフィールドを「マーク」カードの「ラベル」に右クリックでドラッグ＆ドロップします。「フィールドのドロップ」は「個別のカウント（顧客id)」を選択し、「OK」をクリックします（次図左）。

最後に、「データ」ペインから「Monetary score」のフィールドを「マーク」カードの「色」、「詳細」に右クリックでドラッグ＆ドロップします。「フィールドのドロップ」は「Monetary score」を選択し、「OK」をクリックします。「マーク」カードの「マークタイプ」を「四角」に変更します（次図右）。

■図：フィールドのドロップ③

■図：フィールドのドロップ④

左上が高いスコアになるように行、列それぞれを「データソース順」の「降順」にしましょう。

必要な情報は入れましたがまだ見づらい形です。

■図：RFM分析①

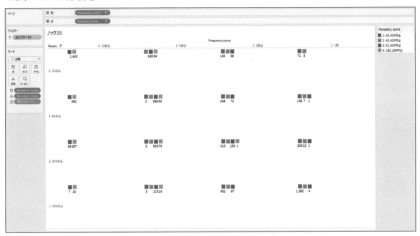

　ここからはビジュアルを整えていきましょう。「マーク」カードの「ラベル」→「配置」→「方向」を選択し直します。また、「マーク」カードの「サイズ」を選択し、適度なサイズにしましょう。

■図：ビジュアルの調整

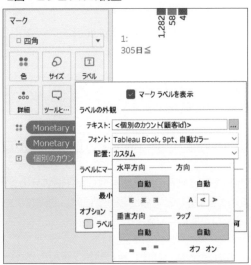

最後に、「行」、「列」それぞれ、「右クリック」→「並べ替え」→「降順」に設定します。

これで図表が見やすくなり、「Recency score」と「Frequency score」に対する「Monetary score」の分布が確認できるようになりました。

図：RFM分析②

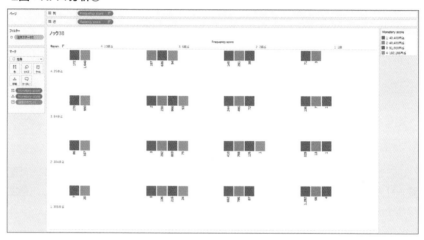

この図表を確認することで全顧客のスコアが確認できます。

「Frequency score = 4」の列に注目すると、「Recency score」のスコアに関係なく「顧客単価が上位50%」の顧客ということがわかります。

では、「優良顧客」を定める閾値を合計スコアを決めましょう。今回は「3つの指標の合計スコアが11以上」を「優良顧客の定義」とします。

導入で話した通り、「最終注文日からの経過日数（R：Recency）」、「購入回数（F：Frequency）」、「購入金額（M：Monetary）」これら3つの指標により顧客をランク付けし、グループ分けする分析手法を、これらの頭文字を取り、「RFM分析」といいます。顧客の性質でグループ分けをすることで各グループに対し的確なマーケティング施策を企画、実施することが可能になります。

今回は具体的な数値を計算フィールドの作成に使用しましたが、実際の業務においては「データが更新される」可能性があります。つまり、「汎用的なグループ分け」をするためには複雑な計算フィールドを作成する必要があるということです。

Tableauには四分位数を直接計算する関数は用意されていませんが、RANK_PERCENTILE関数を使用することで四分位数を再現することができます。興味がある方は是非、汎用的なグループ分けに挑戦してみてください。

　次のノックでは、定めた「優良顧客の定義」に従い「優良顧客フラグ」の集計表を作成しましょう。

39 優良顧客にフラグ付けしよう

　ノック38では「優良顧客を定義」しました。このノックでは優良顧客の「顧客id」を把握するために、「顧客id」と「優良顧客フラグ」の集計表を作成しましょう。
　ここでは「合計スコア≧11」となる「スコアのペア」を「セット」を用いてまとめていきます。

　まず、スコアが11以上となる3つのスコアの組み合わせは4通りのみ（(R, F, M) ＝(4, 4, 4)、(4, 4, 3)、(4, 3, 4)、(3, 4, 4)）であることを念頭において置きましょう。ノック38の図表を活用します。
　「ノック38」の「ビュー」から「合計スコア≧11」のマークを「Ctrlキー」+「クリック」で複数選択します。「右クリック」→「セットの作成」を選択します。

■図：セットの作成①

「セットの作成」の「名前」を変更し、「OK」を選択します。

■図：セットの作成②

　出来上がった「セット」から「優良顧客フラグ」の計算フィールドを作成しましょう。

　「データ」ペインから「合計スコア11以上」のフィールドを「右クリック」→「作成」→「計算フィールド」を選択します。計算フィールドに式を記述したら「OK」を選択しましょう。

・優良顧客フラグ

```
IF [合計スコア11以上] THEN 1 ELSE 0 END
```

■図：計算フィールドの作成

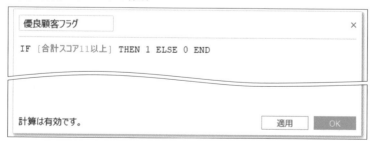

合計スコアが11以上なら「1」、そうでないなら「0」となる計算フィールドです。

準備が整ったので、集計表を作成しましょう。「データ」ペインから「行」に「顧客id」のフィールドをドラッグ＆ドロップ。「データ」ペインから「優良顧客フラグ」のフィールドを「マーク」カードの「テキスト」に右クリックでドラッグ＆ドロップします。「フィールドのドロップ」は「優良顧客フラグ」を選択します。

■図：フィールドのドロップ

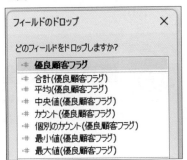

これで「優良顧客フラグ」の集計表が完成しました。

■図：優良顧客フラグの集計表

　優良顧客の定義である「合計スコアが11以上」を閾値にし、「優良顧客フラグ」
を立てることができました。
　次のノックでは、作成した「優良顧客フラグ」を用いて優良顧客の代表値を確認
しましょう。

ノック 40 優良顧客の全体像を見てみよう

　このノックでは4章に向けて、定義した「優良顧客」の「代表値」や「件数」を集計
表により確認していきます。

　はじめに、ノック39で作成した「優良
顧客フラグ」でフィルターをかけていきま
しょう。
　まず、「データ」ペインの「優良顧客フラ
グ」を「右クリック」→「不連続に変換」を選
択します。

　「データ」ペインから「優良顧客フラグ」の
フィールドを「フィルター」シェルフに右ク
リックでドラッグ＆ドロップします。
「フィールドのフィルター」は「すべて」を選
択し「次へ」をクリックします。「フィルター」
は「1」を選択しましょう。

■図：不連続に変換

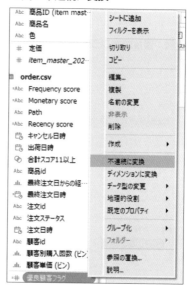

図：フィルターの選択

準備が整ったので「優良顧客」について集計表を作成していきましょう。

「データ」ペインから「メジャーバリュー」のフィールドを「ビュー」中央にドラッグ＆ドロップします。次に、「メジャーネーム」のフィールドを「行」にドラッグ＆ドロップしましょう。「フィルター」シェルフの「メジャーネーム」を「右クリック」→「フィルターの編集」を選択します。

「フィルター［メジャーネーム］」から必要な「メジャー」を選択します。

今回は「優良顧客フラグ」と「金額」のみです。

▪ 図：フィルターの選択

　この集計表に「代表値」を追加していきましょう（次図左）。

　ノック26と同様のメジャーを追加しましょう。「データ」ペインの「金額」の
フィールドを右クリックで「メジャーバリュー」シェルフにドラッグ＆ドロップし
ます。「フィールドのドロップ」は「平均（金額）」を選択し「OK」をクリックしましょ
う（次図右）。

■図：優良顧客の集計表①

■図：フィールドのドロップ

　同様に、「最大値」、「最小値」も追加しましょう。これで優良顧客の集計表が完成しました。

■図：優良顧客の集計表②

　ノック26と比較すると「最小値」、「最大値」はどちらも優良顧客の注文であることがわかります。注文単価の「平均値」は若干ではありますが上昇しています。

　3章では、「最終注文日からの経過日数」と「顧客別購入回数」をそれぞれ集計表による「数値の把握」、ヒストグラムによる「データの分布とばらつきの確認」から分析をはじめました。
　次に、散布図による「関係性の把握」、そして「顧客別注文金額」を交え3つの切り口からの分析「RFM分析」を行い「優良顧客を定義」、「優良顧客のグループ化」をしました。
　この流れのように「1つの切り口からデータを見る」という工程を様々な切り口で行った後に、「複数の切り口からデータを見る」ことで有意義なデータ分析を行うことができます。この章で行った「分析のフロー」は今回のような「顧客分析」だけでなく、様々な「分析の基礎」となります。

　次の章ではTableauで作成できる様々なグラフを扱いながら「優良顧客の傾向」を把握し、「施策の検討」をしていきます。

優良顧客の傾向を
把握する10本ノック
～優良顧客に対する施策の検討～

　前章でのRFM分析を通じて、優良顧客を定義することができました。ここからは優良顧客に向けてどのようなキャンペーンを行うのが良いのか、発想のヒントを得るための分析を行います。

　顧客の属性情報や購買行動など、様々な切り口でデータを可視化し、それらの可視化からどのようなことが言えるのかを考察していきましょう。

　前章のRFM分析は、あらかじめ「最終購入日、購入頻度、購入金額の観点で顧客を評価すれば優良顧客が定義できるのではないか？」といった仮説を持ったうえで分析を進める、いわば仮説検証型のアプローチでした。

　一方、本章で行う分析は、優良顧客の年齢・性別や購入商品カテゴリ、注文日時など、たくさんの切り口でデータを可視化していく中で、データのパターンや特徴を発見し「この顧客にはこのような施策が良いのではないか？」という新たな仮説を立てていく、探索型ともいえるアプローチです。「探索」という言葉の通り、必ずしも期待した結果や新たな発見が得られるわけではなく、データへの理解が深まるだけにとどまることも少なくありません。そういった意味では、前章にも増して試行錯誤を要するアプローチといえるでしょう。

　データ分析実践編も残すところ最後の10ノックとなりました。この10本を終えるころには、Tableauへの理解度が実践レベルまで深まっていることはもちろん、データ分析の要点も掴めてくることと思います。ぜひ最後までチャレンジしてみてください！

あなたの置かれている状況

　あなたは、「優良顧客の満足度向上のためのキャンペーン」の企画をまかされました。

　RFM分析により「優良顧客」を定義し、グループにすることができ、チームメンバーと優良顧客について共通の認識を持つことができました。チームの中で新たに、今まで分析の対象にしていなかった「顧客情報」と「商品情報」を使おうという提案がありました。

　優良顧客の「共通点」や「購入傾向」を分析し、新たな知見を得ようとしています。

41 優良顧客の男女比率を見てみよう

　4章では「優良顧客」のみに対象を絞り分析を進めていきます。ノックを始める前に「優良顧客フラグ」でフィルターをかけておきましょう。

　「データ」ペインから「優良顧客フラグ」のフィールドを右クリックし「不連続に変換」を選択します。次に、「優良顧客フラグ」のフィールドを「フィルター」シェルフにドラッグ＆ドロップ、「フィールドのフィルター」は「すべての値」を選択し、「次へ」をクリックします。

■図：フィールドのフィルター

　「フィルター[優良顧客フラグ]」は「1」を選択し、「OK」をクリックします。

■図：フィルターの選択

　これで「フィルター」シェルフに「優良顧客フラグ：1」が追加されました。すべて
のシートに同様のフィルターをかけるために「フィルター」シェルフの「優良顧客フ
ラグ：1」を「右クリック」→「適応先ワークシート」→「このデータソースを使用する
すべて」を選択します。

■図：フィルターの適応範囲

　同様の手順で「コンテキストに追加」も選択しておきましょう。

　4章を始める準備が整いました。まずは、優良顧客の「男女比」を「円グラフ」を用いて確認しましょう。「円グラフ」は「全体の割合」を可視化する時に使います。

　あらかじめ、「ツールバー」の「ドロップダウンリスト」から「標準」を「ビュー全体」に変更しておきます。

　「マーク」カードの「マークタイプ」を「円グラフ」に変更します。

　次に、「データ」ペインから「マーク」カードの「色」に「性別」のフィールドを、「角度」に「顧客id」のフィールドを右クリックでドラッグ＆ドロップします。

　「フィールドのドロップ」は「個別のカウント」を選択し、「OK」をクリックします。

■図：フィールドのドロップ

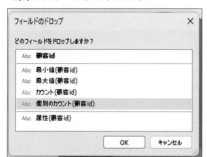

　「性別の割合」をグラフに表示させましょう。「データ」ペインから「顧客id」のフィールドを「マーク」カードの「ラベル」に右クリックでドラッグ＆ドロップします。「フィールドのドロップ」は「個別のカウント」を選択し、「OK」をクリックします。「マーク」カードの「ラベル」にドロップした「個別カウント（顧客id）」を「右クリック」→「表計算を追加」を選択します（次図左）。

　「表計算」では「計算タイプ」を「合計に対する割合」に変更します（次図右）。

■ 図：表計算を追加

■ 図：表計算

　最後に、グラフを「割合で降順」にしましょう。「マーク」カードの「色」にドロップした「性別」を「右クリック」→「並べ替え」を選択します。「並べ替え」は「フィールド」、「並べ替え順序」は「降順」を選択します。

■ 図：降順に並べ替え

これで円グラフが完成しました。

■図：性別の円グラフ

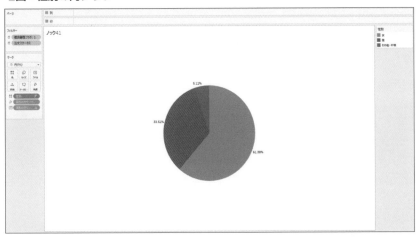

「優良顧客の男女比」はおおよそ「1：2」となっていることが確認できます。偏りがあることから、この比率が他のデータの分布に影響を与える可能性があります。

「円グラフ」は全体の割合を簡単に表示できますが、「構成する要素が多くなる」と比率が分かりづらくなります。できるだけ構成がシンプルなデータに対して用いると良いでしょう。

ノック42 生年月日から年齢を算出しよう

このノックでは、「優良顧客の年齢」を「生年月日」から計算し、集計表にまとめましょう。まずは、「メニューバー」から「分析」→「計算フィールドの作成」を選択します。

■図：計算フィールドの作成①

計算フィールドに式を記述しましょう。

・年齢

IF DATEADD('year', DATEDIFF('year', [生年月日], [本日]), [生年月日])> [本日]
THEN
DATEDIFF('year', [生年月日], [本日])-1
ELSE
DATEDIFF('year', [生年月日], [本日])
END

■図：計算フィールドの作成②

DATEADD関数とDATEDIFF関数を組み合わせて使用しています。

DATEDIFF関数で「本日」と「生まれ年」の年差を計算し、DATEADD関数でその年差分を「生年月日」に加算しています。この日付が「本日」より大きい、つまり「未来の日付」ということは、「今年まだ誕生日を迎えていない」ので「年差 − 1」、「過去の日付」なら「今年はもう誕生日を迎えている」ということなのでそのままの「年差」が年齢となる計算フィールドです。

準備が整ったので「顧客id」と「年齢」の集計表を作成しましょう。まず、「データ」ペインから「行」に「顧客id」のフィールドをドラッグ＆ドロップ、「生年月日」のフィールドを右クリックでドラッグ＆ドロップします。「フィールドのドロップ」は「生年月日（不連続）」を選択し、「OK」をクリックします（次図左）。

次に、「データ」ペインから「マーク」カードの「テキスト」に「年齢」のフィールドをドラッグ＆ドロップします。

最後に、「年齢」を降順にしましょう。「行」の「顧客id」を「右クリック」→「並べ替え」を選択します。「並べ替え」は「フィールド」、「並べ替え順序」は「降順」、「フィールド名」は「年齢」を選択します（次図右）。

■図：フィールドのドロップ

■図：年齢の並べ替え

これで「年齢」の集計表が完成しました。

🔳図：年齢の集計表

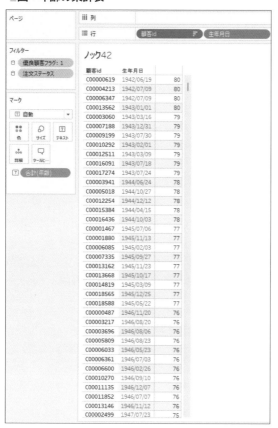

　最年少顧客は「11歳」、最年長顧客は「80歳」であることが確認できます。

　集計表で「代表値」が確認できたので、2、3章と同様に「データの分布とばらつき」も確認しましょう。

ノック 43　年齢層の分布を見てみよう

　このノックでも「ヒストグラム」を用いて「データの分布」を確認しましょう。まずは、ヒストグラムに必要な「ビン」の作成から始めます。「データ」ペインから「年齢」のフィールドを「右クリック」→「作成」→「ビン」を選択します。

図：ビンの作成

　「ビンの編集」から「ビンサイズ」を「5」にし「OK」選択します。今回は5歳ごとの分布を確認しましょう（次図左）。

　ヒストグラムは「ビン」を「連続フィールド」として持つことを覚えていますか？「データ」ペインから「年齢（ビン）」を右クリックし、「連続に変更」を選択しておきしましょう。

図：ビンの編集

図：フィールドのドロップ

　準備が整いましたので「年齢」のヒストグラムを作成していきましょう。「データ」ペインから「行」に「年齢」のフィールドを右クリックでドラッグ＆ドロップし、「フィールドのドロップ」は「カウント（年齢）」を選択し、「OK」をクリックします（前図右）。

「データ」ペインから「列」に「年齢（ビン）」をドラッグ＆ドロップします。
これで「年齢」のヒストグラムが完成しました。

■図：年齢のヒストグラム

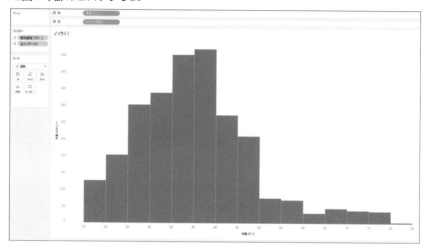

　「30代」の顧客が非常に多く、「50代以上」の顧客は少ないことがヒストグラム
から確認できます。キャンペーンの施策を考える時「30代の顧客層」をターゲッ
トとして意識する必要がありそうです。

　ここまでで、優良顧客の「性別」と「年齢」の分布をそれぞれ分析してきました。
次のノックではこの2つの切り口を合わせ、「年齢層ごとの男女比」を可視化して
いきましょう。

ノック 44　年齢層別の男女比率を見てみよう

　ノック41で「全体の男女比」は円グラフにより確認しました。では、「年齢層ご
との男女比」はどのように可視化するのがよいでしょうか？円グラフを複数並べる
ことで確認することもできますが、それでは非常に見づらく、「年齢層ごとの分布」
を「グラフの大きさ」で把握することができません。
　ここではノック43のヒストグラムに「男女比」の情報を追加し「積み上げヒスト
グラム」を作成しましょう。

　まずは、復習を兼ねてノック43で作成したヒストグラムと同様のグラフを用意しましょう。

　次に、「データ」ペインから「性別」のフィールドを「マーク」カードの「色」にドラッグ＆ドロップ、「年齢」のフィールドを「ラベル」に右クリックでドラッグ＆ドロップします。「フィールドのドロップ」は「カウント（年齢）」を選択し「OK」をクリックします。

■図：フィールドのドロップ

　最後に、追加した「ラベル」を「割合」に変更しましょう。「マーク」カードの「カウント（年齢）」を「右クリック」→「表計算を追加」を選択します（次図左）。

　「表計算」では、「計算タイプ」は「合計に対する割合」、「次を使用して計算」は「セル」を選択します。「セル」を選択することにより「ビンごと」に計算タイプが反映されます（次図右）。

■図：表計算

■図：表計算

　これで「年齢層ごとの男女比」を追加した積み上げヒストグラムが完成しました。

■■図：男女比の積み上げヒストグラム

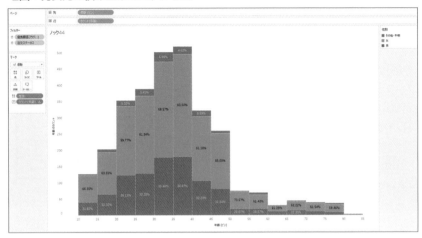

　「10代、40代後半、50代前半」は女性の割合が全体と比べると少し高い傾向にあります。最大母数の「30代」は全体の男女比と似た比率をしています。

ノック 45 地域別の分布を見てみよう

　「顧客データ」には「住んでいる都道府県」のデータがありました。顧客の地理情報の分布を集計表や棒グラフにより確認することもできますが、今回は実際に「地図」を使い分布を確認しましょう。

　Tableauでは経度、緯度などの「空間地理情報」を持っていなくとも、国や都道府県、市町村名などのマップデータから地理情報を結びつけることができます。

　それでは地図を用いて地域別の分布を確認しましょう。

　まずは、「データ」ペインから「都道府県」の「アイコン」を「クリック」→「地理的役割」→「都道府県/州」を選択します。

■図：データ型の変更

次に、「データ」ペインの「都道府県」のフィールドをダブルクリックします。これで「地図」が表示されました。

■図：地図の表示

また、「データ」ペインから「customer_master_20221231.csv（カウント）」のフィールドを「マーク」カードの「色」にドラッグ＆ドロップします。このままでは見づらいので「色」を調節しましょう。「マーク」カードの「色」をクリックし「色」を「明るくて濃い多色」に変更します。

■ 図：色の変更

これで「地域別の分布」の密度を地図に表示できました。

■ 図：地域別分布の密度マップ

　「埼玉県、千葉県、神奈川県、東京都」などの首都圏や、「大阪府、兵庫県」などの関西圏、加えて「北海道、愛知県、福岡県」に分布が集中していることがわかりました。ECサイトは購入後に注文商品を配送することからこの地理情報の分析結果は上手く使えそうです。

　次のノックからは焦点を「顧客情報」から「商品情報」にかえていきましょう。

ノック46 商品カテゴリ別の売上を比較してみよう

　4章の前半で、「顧客情報」から「顧客自身の持っている属性」の分布や傾向を確認できました。ここからは「商品情報」から「顧客の購買商品」の分布や傾向を分析していきます。

　あらかじめ、「ツールバー」の「ドロップダウンリスト」から「標準」を「ビュー全体」に変更しておきます。

　まずは、商品カテゴリ別の売上を比較することから始めましょう。「データ」ペインから「列」に「金額」のフィールドをドラッグ＆ドロップします。「行」に「カテゴリ」のフィールドをドラッグ＆ドロップします。

　次に、「データ」ペインの「カテゴリ」のフィールドを、「マーク」カードの「色」にドラッグ＆ドロップします。

　ここに情報を追加していきましょう。

■図：カテゴリ別の金額

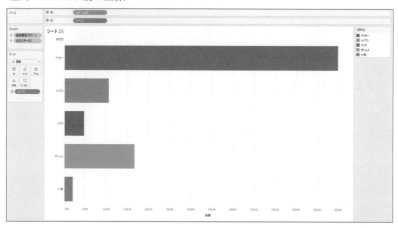

　「データ」ペインの「金額」のフィールドを「マーク」カードの「ラベル」にドラッグ＆ドロップします。ドロップした「合計（金額）」を「右クリック」→「表計算の編集」を選択します（次図左）。

　「表計算」の「計算タイプ」は「合計に対する割合」、「次を使用して計算」は「表（下）」

を選択します(次図右)。

図：表計算の編集

図：表計算

　次に、再度「金額」のフィールドを「マーク」カードの「ラベル」にドラッグ&ドロップします。「ラベル」をクリックし「ラベルを編集」します。

図：ラベルの編集

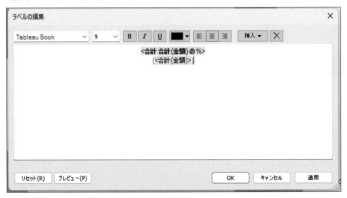

最後に、「金額」を「降順」に直します。「行」の「カテゴリ」を「右クリック」→「並べ替え」を選択します。

◾️図：カテゴリの並べ替え

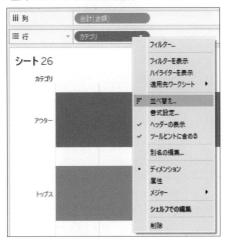

「並べ替え」は「フィールド」、「並べ替え順序」は「降順」、「フィールド名」は「金額」を選択します。

◾️図：降順に並べ替え

これでカテゴリ別に「数量」と「金額」を比較できるグラフが完成しました。

■図：カテゴリ別金額

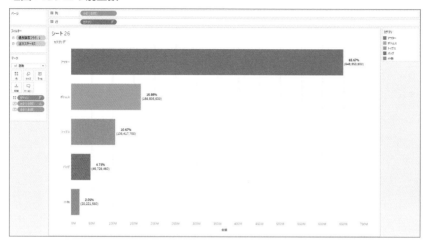

　カテゴリ別の金額を比較することでどのカテゴリが「売上に貢献しているか」がわかります。グラフを比較すると「アウター」が全体の約65%を締めており、次点で「ボトムス」が全体の17%であることが確認できます。

47 時系列での売上の推移を見てみよう

　このノックでは「折れ線グラフ」を用いて売上の推移を見ていきましょう。「折れ線グラフ」は数値の推移をみることに適しており、「時系列」における変化の流れを表すことができます。

　まずは、「データ」ペインから「行」に「金額」をドラッグ＆ドロップ、「列」に「注文日時」を右クリックでドラッグ＆ドロップします。「フィールドのドロップ」は「月（注文日時）」の「連続」を選択し、「OK」をクリックします。

■図：フィールドのドロップ

次に、「データ」ペインから「カテゴリ」のフィールドを「マーク」カードの「色」、「ラベル」にそれぞれドラッグ＆ドロップします。

これで「カテゴリ別の金額推移」を表示することができました。

■図：売上の時系列推移①

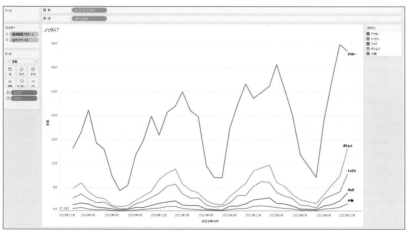

さらに、「合計（金額）」の時系列推移も追加していきましょう。「データ」ペインから「行」に「金額」のフィールドを新たにドラッグ＆ドロップします。

次に、下段の「マーク」カードを空にします。「行」右の「合計（金額）」を「右クリック」→「二重軸」を選択します。

図：二重軸の選択

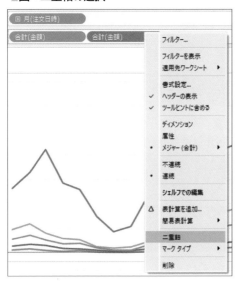

最後に、グラフの「左軸」を「右クリック」→「軸の同期」を選択します。

図：軸の同期

これで「売上の時系列推移」のグラフが完成しました。

図：売上の時系列推移②

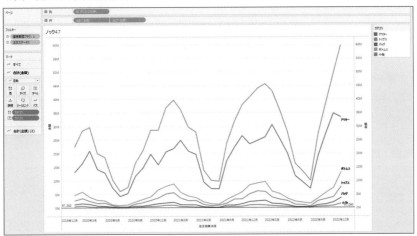

　グラフの全体像を見ると、「7、8月」に向かい売上が低下、「年間最低売上」を記録し、過去2年間「2月」に「年間最高売上」を記録していたことが確認できます。
　ここで、「アウター」と「全体」の推移を比較しましょう。過去2年間の「2、3月」に注目すると、全体が「2月に年間最高売上」を記録し減少していたのに対し、アウターは「3月に年間最高売上」を記録したことがわかります。それに加え、「2月のアウターの売上は1月と比べあまり上昇しない」ということもわかります。

　ここから、「優良顧客に対し、2月末までアウターに関する何かしらの広告を打つことで最高売上を上昇させることが可能かもしれない」という仮説を立てることができそうです。

　しかし、「アウター以外の商品が2月によい売上を出し、3月に売上が減少していることが問題であるから、アウター以外の商品に対し広告を打ち全体売上を上昇させよう」と考えることもできます。どちらの方針が優れているといえるでしょうか？
　ここまでで優良顧客のカテゴリごとの「売上」は把握できましたが、カテゴリごとの「購入数」は把握していません。

　次のノックでカテゴリごとの「購入数」を分析しましょう。

ノック 48 商品カテゴリ別の購入回数と売上の関係を見よう

　このノックでは優良顧客の「購入傾向」を知るためにカテゴリごとの「購入数」と「売上」が比較できるグラフを作成していきましょう。

　まずは、「データ」ペインから「行」に「カテゴリ」のフィールドを、「列」に「数量」、「金額」のフィールドをドラッグ＆ドロップします。「データ」ペインから「カテゴリ」のフィールドを「マーク」カードの「色」にドラッグ＆ドロップします。

　このグラフに情報を追加していきましょう。

■図：数量と金額の比較①

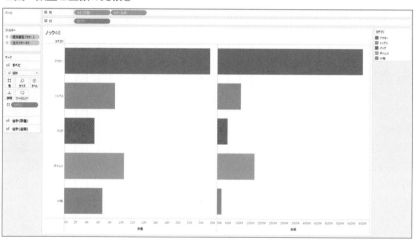

　「データ」ペインから「数量」のフィールドを中段「マーク」カードの「ラベル」にドラッグ＆ドロップし、「合計（数量）」を「右クリック」→「表計算を追加」を選択します（次図左）。

　「表計算」の「計算タイプ」は「合計に対する割合」、「次を使用して計算」は「表（下）」を選択します（次図右）。

■図：表計算を追加

■図：表計算

　再度、「データ」ペインから「数量」のフィールドを中段「マーク」カードの「ラベル」にドラッグ＆ドロップします。

　次に、中段「マーク」カードの「ラベル」を選択し、「ラベルの編集」をします。記述し終えたら「OK」を選択します。

■図：ラベルの編集

　ここまでの同様の手順を下段「マーク」カードに対して行います。

　「データ」ペインから「金額」を下段「マーク」カードの「ラベル」にドラッグ＆ドロップし、「合計（金額）」を「右クリック」→「表計算を追加」を選択します（次図左）。

　「表計算」の「計算タイプ」は「合計に対する割合」、「次を使用して計算」は「表(下)」を選択します(次図右)。

■図：表計算を追加

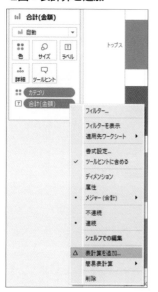

■図：表計算

　再度、「データ」ペインから「金額」のフィールドを下段「マーク」カードの「テキスト」にドラッグ＆ドロップします。
　次に、下段「マーク」カードの「ラベル」を選択し、「ラベルの編集」をします。記述し終えたら「OK」を選択します。

■図：ラベルの編集

　最後に、「数量」を「降順」に直します。「行」の「カテゴリ」を「右クリック」→「並べ替え」を選択します。「並べ替え」は「フィールド」、「並べ替え順序」は「降順」、「フィールド名」は「数量」を選択します。

■図：並べ替え

　これで「数量」と「金額」を比較するグラフが完成しました。

■図：数量と金額の比較②

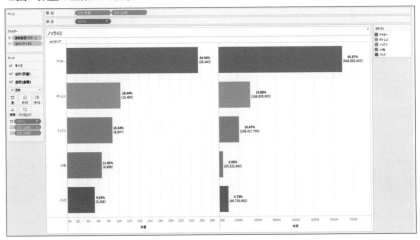

　「数量」においてもアウターが最も購入されていることがわかります。また、カ

テゴリの中で唯一アウターのみが「数量全体の比率」より「売上全体の比率」の方が大きいことも確認できます。一方で「小物とバッグ」に注目すると、数量と金額で「順位が逆転している」ことがわかります。これは、小物の単価が低いことが原因として考えられそうですね。細かい発見ですが、可視化により得られた知見は発想の源となります。「あたりまえのこと」として蔑ろにせず、データから分かる事実の一つとして、忘れないよう言語化し記録しておくようにしましょう。

　最後のノック49、50ではTableauの「クラスター分析」の機能を使い、AIを活用した優良顧客分析を試してみましょう。

ノック49 優良顧客をクラスター分析結果と比べよう

　このノックでは優良顧客を「クラスター分析」していきましょう。
　「クラスター分析」とは、「マークを指定したグループ数に分けること」を言います。
　Tableauにおけるクラスター分析は「k-means法」と言われる手法が使われています。「K-means法」とは、「ランダムにクラスターの中心を選び、各中心に近いマークを割り当てていき、その中心を距離によって計算する」というサイクルを繰り返し、クラスターを決定するという手法です。
　今回は3章で定義した優良顧客と、クラスター分析による優良顧客を比較したいと思います。

【注意】
　グラフを比較したいのでこのノック49でのみフィルターシェルフの「優良顧客フラグ：1」を取り除いておきます。

　私達の定義した優良顧客を散布図で確認しましょう。
　まず、「データ」ペインから「行」に「顧客別購入回数」のフィールドを、「列」に「再集注文日からの経過日数」のフィールドをドラッグ＆ドロップします。
　続けて、「データ」ペインから「顧客id」のフィールドを「マーク」カードの「詳細」へドラッグ＆ドロップします。これで散布図が完成しました。

図：ベースの散布図

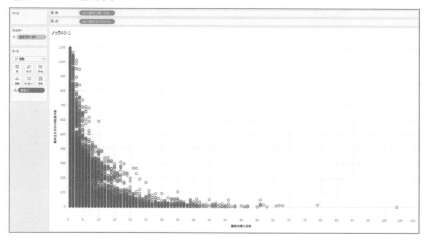

　最後に「優良顧客」で色分けしましょう。「データ」ペインから「優良顧客フラグ」のフィールドを右クリックで「マーク」カードの「色」へドラッグ＆ドロップします。「フィールドのドロップ」は「優良顧客フラグ」を選択します。

図：フィールドのドロップ

　これで私達の定義した優良顧客が散布図上で確認できるようになりました。

■図：定義した優良顧客の散布図

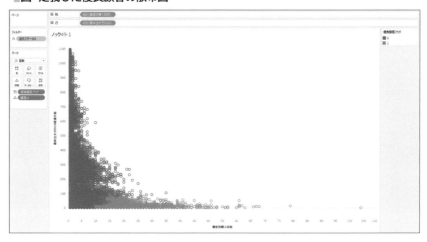

　次に、「クラスター分析」による顧客のグループ分けを見ていきましょう。
　図「ベースの散布図」(p.179)の散布図から作成していきます。「アナリティクス」ペインから「クラスター分析」を「クラスター」へドラッグ＆ドロップします。

■図：クラスター分析①

　「クラスター」の「変数」は「RFM分析」で使用した3つの変数を指定します。「クラスターの数」は「2」にしましょう。

図：クラスター分析②

これで「k-means法」による「クラスター分析」ができました。

図：クラスター分析による優良顧客

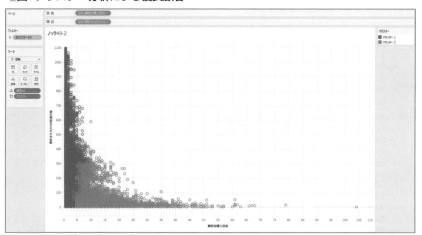

　ちょうど「クラスター2」が私達の定義した優良顧客と似たようなグループになっていることが確認できます。

　では、なぜ異なる手法を用いたにもかかわらず、同じようなグループが得られたのでしょうか？答えは図「クラスター分析②」(p.181)で設定した「変数」にあり、「RFM分析」と同様のパラメータを使用したことが大きな原因です。「優良顧客フラグ」と「クラスター分析」によるグループ分けの大きな違いはこの「変数」にあります。

「優良顧客フラグ」はあくまでも私達が与えた「0か1どちらかを持つという情報」のみをグループ分けに使用しているのに対し、「クラスター分析」は「R、F、Mの3つの変数情報」から適切なクラスター数でグループ分けを行っています。つまり、この「変数」を増やせば増やすほど複雑なグループ分けが可能となります。しかし、「沢山のクラスターを作りたいから変数を増す」ことは必ずしも有益なグループ分けになるとは限らないことは覚えておきましょう。

余裕がある方は変数とクラスター数を変えて「k-means法」の特徴を確認してみましょう。また、より詳しい解説に興味がある方は統計学の専門書を手に取ってみてください。

作成したクラスターはグループとして「データ」ペインに保存することもできます。このグループはクラスターごとの情報（今回であれば顧客id）を含んでおり、クラスター情報を他のシートで使い回すことが可能となります。「マーク」カードの「クラスター」を「データ」ペインにドラッグ＆ドロップし確認してみましょう。

■図：クラスター情報のグループ化

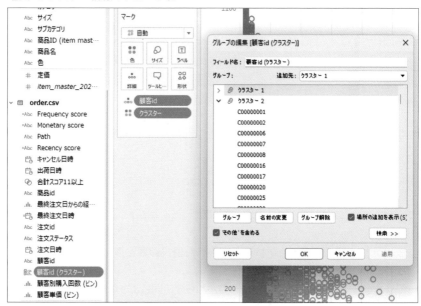

最後に「クラスター分析」の特徴を抑えて4章を締めましょう。

<ruby>ノック<rt></rt></ruby>50 優良顧客の注文商品をクラスター分析しよう

このノックではクラスター分析への理解を深めましょう。

まずは注文商品の散布図を作成します。「データ」ペインから「行」に「金額」のフィールドを、「列」に「数量」のフィールドをそれぞれドラッグ＆ドロップします。また、「マーク」カードの「詳細」に「商品id」と「カテゴリ」のフィールドをドラッグ＆ドロップしましょう。

これで優良顧客の注文した商品の散布図が完成しました。

■図：注文商品の散布図

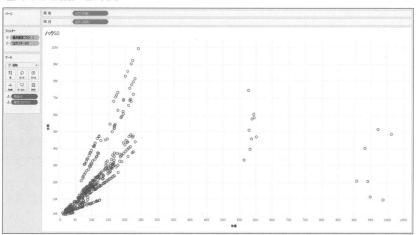

すでに特徴的な分布をしていることが確認できます。ここからクラスター分析していきましょう。

図「クラスター分析①」(p.180)同様の方法でクラスターを選択しましょう。「クラスター」の「変数」は「合計（数量）」、「合計（金額）」、「属性（カテゴリ）」をそれぞれ「データ」ペインからドラッグ＆ドロップします。「クラスターの数」は「自動」を選択します。

これで優良顧客の注文商品をクラスター分析することができました。

■図：クラスター分析

■ 図：注文商品のクラスター分析

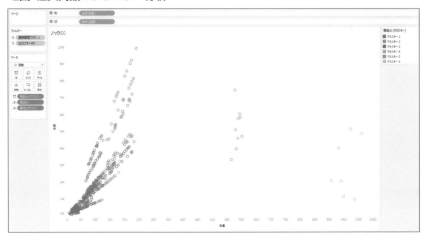

　私達は「変数」に「カテゴリ」を追加したことから、カテゴリの持つ属性数の5が直感的なクラスター数に感じますが、クラスター数は6が最適と「k-means法」により計算されました。

　「クラスター1」と「クラスター5」に注目し散布図を確認しましょう。クラスター2～3はそれぞれカテゴリごとのクラスターになっていますが、クラスター1と5はどちらも重複した「アウター」のカテゴリとなっています。クラスター5はクラスター1と比べ「金額が高い」、つまり「単価の高い商品」であることがわかります。

　これはただ「カテゴリ」のフィールドを「マーク」カードの「色」とした時には再現できないグループ分けとなります。ノック49でも触れましたが、「クラスター分析」はこのように「変数」を上手く活用することで様々なグループ分けが可能となります。クラスター数を大きく設定することでより細かいクラスターを作成できますが、より「他人に説明し辛いグループ分け」になってしまいます。「クラスター数」は説明可能な範囲に設定しましょう。

　4章の「探索型」ともいえるデータ分析はいかがだったでしょうか？探索型はこの章のように持っているデータの切り口が多ければ多いほど、分析すべき着眼点も増えていきます。また、データを分析する時は常に「バイアス」に囚われてはいけないことも理解できたと思います。

　データ分析はそのデータの持つ「ビジネス背景」も必要な知識となりますが、まずは基本的な「統計学の知識」がないと始まりません。Tableauを最大限活用するためにも第2部に出てきた統計学の知識は抑えておきましょう。

第**5**章

ダッシュボードを
構築する
20本ノック

　Tableauの使い方を理解しデータ分析について理解が進むと、単にグラフを作るだけでなく、誰かに説明したり議論したりするフェーズに入っていきます。分析は自分だけで完結するよりも、知を結集して人と議論していくことで大きな効果が生まれるためです。

　データ分析のプロジェクトを立ち上げると、分析を行い、その結果を受けてダッシュボードを構築し、それを現場に提供することで業務の問題点を解決していくことが一般的です。しかし単純にグラフを寄せ集めてダッシュボードを作っても、強調したい情報が分かりにくいとすぐに使われなくなってしまいます。そこで、議論の場で大きな効力を発揮するダッシュボードを作るために、フィルターの連携やテキストサイズなどを調整する方法などの基本を学んでいきましょう。

あなたの置かれている状況

　あなたは業界としては中堅どころのスポーツジムを経営する会社に勤めています。業績が少し伸び悩んでいることからデータ分析部隊が立ち上がり、メンバーに加わっています。様々な視点でグラフを作り、メンバー同士で意見交換をしながら情報の整理も進めてきました。

　ただ1つ1つを見ればいいグラフなのですが、少し課題も感じています。複数のグラフをバラバラに見ていると答えに繋がりにくく、議論の盛り上がりに欠けてしまっているのです。知を得る順番が整えられて操作のストレスが無くなれば、議論が活性化して新たな発見ができるだろうと考えたあなたは、ダッシュボード構築に取り掛かることにしました。

前提条件

　本章の20本ノックでは、スポーツジムのデータを扱っていきます。このジムは通常は入会費がかかりますが、不定期に入会費半額キャンペーンや入会費無料キャンペーンを実施し、新規会員獲得を行っています。退会は月末までに申告することで、翌月末に退会することができます。

　扱うデータは表に示した2種類で、coustomer_master.csvは会員情報、use_log.csvは各会員の利用履歴情報となります。

　coustomer_master.csvは2019年3月末時点のデータですが、2018年に退会した会員もデータとして存在しています。会員IDや属性、入会日と退会日に加え、入会時のキャンペーン情報も保持しています。

use_log.csvは会員がジムを利用するとシステムに自動反映される、会員ID
と利用日が記録されたデータです。自動採番されたログIDも出力されます。
2018年度（2018年4月〜2019年3月まで）の1年分のデータとなります。
　どちらもデータ加工を必要とせず、会員IDで紐づけられる状態です。

■表：データ一覧

No.	ファイル名	概要
1	coustomer_master.csv	スポーツジムの会員データ 2019年3月末時点
2	use_log.csv	各会員の利用履歴データ 期間は2018年4月〜2019年3月

　次図はこれから作るダッシュボードの完成イメージです。

■図：ダッシュボード完成イメージ

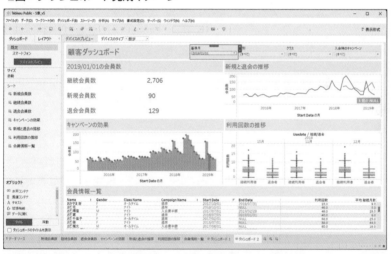

　このダッシュボードは利用者が探索的に分析して結論を導き出すような使い方
を想定しています。解釈は利用者によって様々で、このようなダッシュボードは
探索型のダッシュボードという位置づけになります。作成する側は中立な立場を
とり、メッセージ性（決まった答えに誘導するような表現）を持たないよう気を付
ける必要があります。

ノック 51　データを読み込んで結合しよう

それではダッシュボード作成を進めていきましょう。まずはTableau Public を開いて、スポーツジムの会員データであるcustomer_master.csvを読み込みます。CSV形式のデータ読み込みはもうマスターできていますね。

■図：データの読み込み

次に各会員の利用履歴データであるuse_log.csvを横に結合します。これまでのノックでは横の結合を「リレーション」で行ってきましたが、ここでは「結合」という方法で組み合わせてみます。Tableauの「結合」機能を解説する際は表現がややこしくなるので、ここではデータを横に結合することを「組み合わせる」と表現します。

リレーションと結合を簡単に説明するとどちらも2つの表（ここでは会員データと利用履歴データ）を組み合わせる機能ですが、一方の表が集計を必要とする場合に、リレーションは集計した後で組み合わせるのに対し、結合は集計する前に組み合わせるという違いがあります。この違いにより集計結果に違いがでるため、それぞれの特性を理解して集計結果を確認する癖をつけていきましょう。

簡単かつ直感的にデータを組み合わせることが可能であることなどからTableauはリレーションを推奨していますが、外部結合や内部結合を正しくコントロールしたい場合には結合を使うのがよいでしょう。今回のケースは結合での

組み合わせを必須とするものではありませんが、組み合わせ手法の一つとして手順を覚えていただければと思います。

　それでは実際に結合を行ってみましょう。まずはcustomer_master.csvをダブルクリックします。するとデータを結合するためのページへ移行します。

■ 図：結合画面への移行

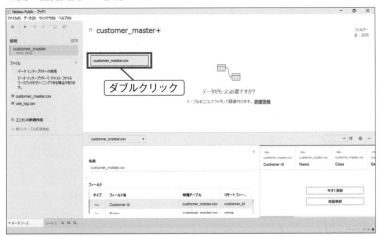

■ 図：データ結合画面

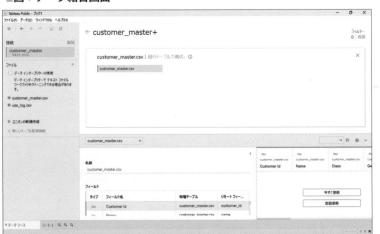

　次に「ファイル」から「use_log.csv」を右上のエリアにドラッグ＆ドロップします。このとき「customer_master.csv」に重ねると「テーブルをユニオンへドラッグ」というメッセージが表示されてユニオン（縦結合）されてしまいますので、重ならないところでドロップするようにしましょう。

図：結合の注意点

　「use_log.csv」をドラッグ＆ドロップすると、データの結合状態がベン図で表されます。デフォルトは内部結合です。2つのデータに共通した「Customer Id」が存在するため、それをキーとして自動的に紐づいています。

図：データの結合（デフォルト）

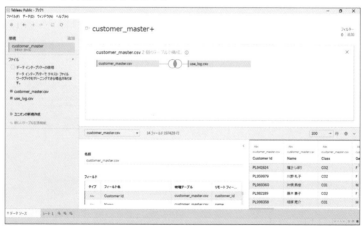

　今回は左側の会員データを基準として、左結合に変更します。これにより左側の全ての値および右側から一致する値を含むデータになります。まずはベン図をクリックします。

■図：結合方法の変更

　今回は左結合を行いますので、ベン図から「左」を選択します。

■図：結合の選択

　次に結合に用いるキーを指定するのですが、今回は「Customer Id」で自動的に紐づけられているため指定の必要はありません。キーの名称が異なっていたり複数のキーで紐づけられるケースでは、左右のキー項目をプルダウンから指定する必要があります。複数のキーが必要な場合は、「新しい結合句」を追加します。

■図：キーの選択

　結合の設定を終えたら、シート1に移動してデータの結合が完了しているか確認してみましょう。データペインにcustomer_master.csvとuse_log.csvが表示されています。これでデータの結合は完了です。

■図：データ結合の確認

ノック 52 会員数を算出する計算式を作ろう

　ここから3本のノックでは、月ごとの新規会員、継続会員、退会者の数をわかりやすく表示するためのシートを作成していきます。図「ダッシュボード完成イメージ」(p.181)で左上に表示している「会員数」の部分です。Tableauを使うようになると様々なグラフ表現を駆使したくなりますが、ダッシュボードではシンプルに事実を掴めるのも大事です。そのため、ダッシュボードを作るタイミングになってから、たった一つの数字をテキスト表示するシートを作ることがよくあります。

　それではまず、会員数を算出する計算式を作成します。customer_master.csvの[Customer Id]を右クリックし、「作成」→「計算フィールド」を選択します。

図：計算フィールドを開く

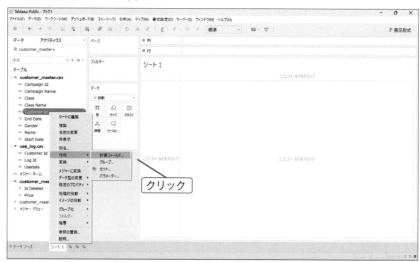

　次に計算フィールド内にCOUNTD（[Customer Id]）と入力し、名前を「会員数」
とします。これで[会員数]というメジャーができあがります。

図：会員数算出の計算式

　COUNTDを使うと個別のアイテム数を算出することができます。ここにフィ
ルターを組み合わせて新規会員や退会者の数を算出するという仕組みです。

ノック 53 新規会員数、退会者数を表すシートを作ろう

それでは作成した［会員数］を「マーク」の「テキスト」にドラッグ＆ドロップします。
ここでテキスト表示されるのがcustomer_master.csvに存在する会員の数です。

■図：会員数の表示

次に［Start Date］を「フィルター」にドラッグ＆ドロップして「年/月」を選択し、
「次へ」をクリックします（次図左）。

表示されたリストから「2015年5月」にチェックを入れ、「OK」をクリックし
ます（次図右）。

■図：[Start Date]フィルターで「年/月」を選択　■図：[Start Date]リストから年月を選択

　2015年5月に入会した会員数がテキスト表示されます。最後にシート名を「新規会員数」に変更しましょう。これで、フィルターで年月を指定すればその月の新規会員数を確認できるようになりました。

■図：新規会員数

　では次に、退会者数を表示するシートも作成しましょう。今作成した「新規会員数」のシートを右クリックして、「複製」を選択します（次図左）。

　複製したシートから「月/年(Start Date)」フィルターを外し、[End Date]を
フィルターにドラッグ＆ドロップします。「年/月」を選択し「2018年/4月」に
チェックして「OK」をクリックします(次図右)。

■図：新規会員数シートの複製　　　　■図：[End Date]リストから選択

　シート名を「退会者数」に変更して完了です。

54 継続会員数を表すシートを作成しよう

　続いて、ジムに継続して通っている人数を表すシートを作成します。新規会員
として登録されてから退会していない会員は[End Date]がNullになっています
ので、これを利用して継続会員か退会者かを区別するための計算フィールドを作
成します。

　customer_master.csvの[Customer Id]を右クリックし、「作成」→「計算
フィールド」を選択します。そして以下のように計算フィールドに入力し、名前を
「継続/退会」とします。

```
IF ISNULL([End Date]) THEN "継続利用者"
ELSE "退会者"
END
```

▰図：ディメンション「継続/退会」の作成

次にシート「新規会員数」を複製し、シート名を「継続会員数」に変更します。そして、フィルターに[継続/退会]を追加し、「継続利用者」を選択して「OK」をクリックします。これで新規入会後、退会していない人数を表すシートを作成できました。

▰図：シート「継続会員数」

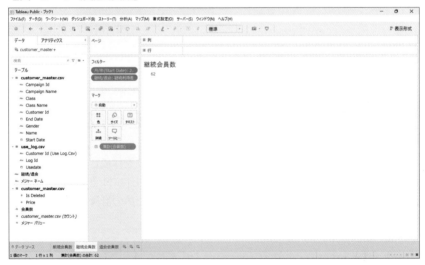

新規会員数の推移を表すグラフを作ろう

2015年5月から2019年3月までの新規会員数を表すシートを作成します。ここではキャンペーンによって新規会員が増加したかの評価もできるようにしたいと思います。

まずはシートを新たに作成します。そして行に［会員数］、列に［Start Date］をドラッグ＆ドロップします。［Start Date］は「連続」「月」を選択して、連続値に変更します（次図左）。

次にグラフの形状を棒グラフに変更します（次図右）。

■図：日付データの変更

■図：データ形状の選択

　続いて、行に入っている［会員数］をCtrlを押しながら横にドラッグ＆ドロップして、［会員数］を複製します。

■図：行［会員数］の複製方法

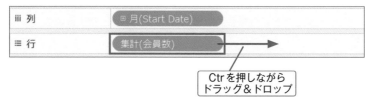

　複製をすると次図のように同じ棒グラフが縦に並びます。

■図：行［会員数］の複製結果

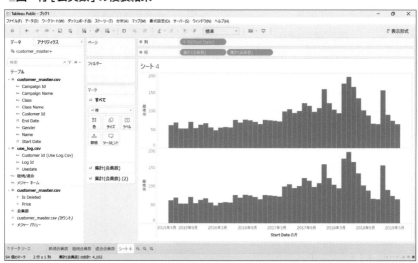

　この下のグラフは、マークカードでは「集計(会員数)(2)」となっています。下のグラフの形状や色の設定を変更するために、マークカードの「集計(会員数)(2)」をクリックします。

■図：「集計(会員数)(2)」をクリック

まずは色に［Campaign Name］を入れます。すると、「通常」、「入会費半額」、「入会費無料」の3つに色分けされます。

■図：キャンペーンによる色分け

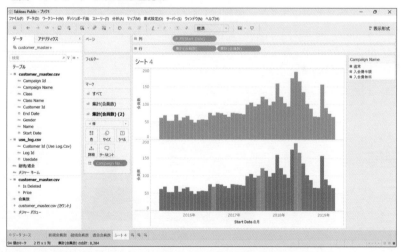

次にグラフの形状を変更します。ここでは円を選択します。

■図：グラフ形状の変更

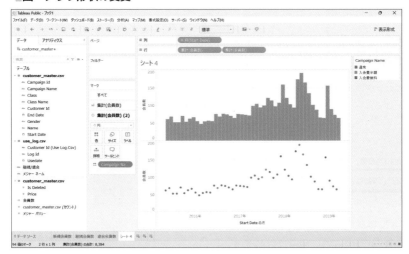

　それではこの2つのグラフを重ね合わせます。列の右側の[会員数]を右クリックして、二重軸を選択します。二重軸にすると、2つのグラフが重なった状態となります。

■図：二重軸の選択

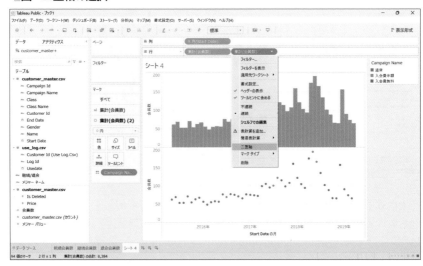

　縦の軸が左右両方に表示されているため、右側の軸で右クリックして「軸の同期」を選択して、重ね合わせたグラフの軸の高さを合わせます。また、「ヘッダーの表示」にチェックが入っているので、これを解除します。

■図：軸の同期とヘッダーの非表示

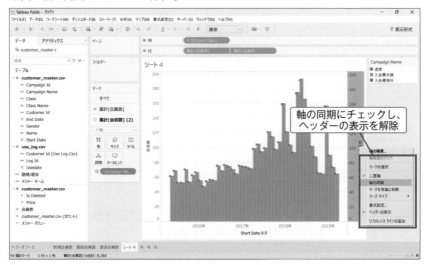

　シート名を「キャンペーンの効果」とします。後のノックでダッシュボードにこのシートを配置した後、パラメーターによって他のグラフと連動して選択した日付だけに色を付けるよう工夫しますが、ここではグラフの作成までで一旦完了です。

ノック
56 # 新規会員数と退会者数の推移を
表すグラフを作ろう

　新規会員と退会者の数が上昇傾向にあるか下降傾向にあるか見ることで、ジム運営会社として注力するところが新規会員の増加なのか、あるいは退会者の引き留めなのか判断できそうであると考えました。

　まず、新しいシートを作成します。そして行に [会員数]、列に [Start Date] と [End Date] をドラッグ＆ドロップします。[Start Date] と [End Date] は両方とも連続値の「月」を選択します。

■図：[Start Date][End Date]の日付設定

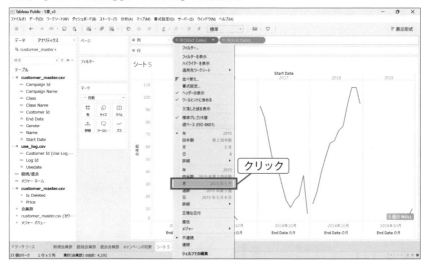

そして、右にあるメジャー（この時は[Start Date]と[End Date]はどちらでも良い）を右クリックし、「二重軸」を選択します。

■図：二重軸の設定

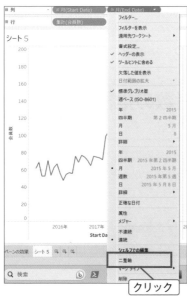

　次に［Start Date］と［End Date］の軸を揃えます。この時グラフ自体は問題が無いようにも見えますが、実は時系列に大きなずれがある為、時間軸をそろえる必要があります。上のグラフの軸を右クリックして「軸の同期」を選択します。

■図：時間軸の同期

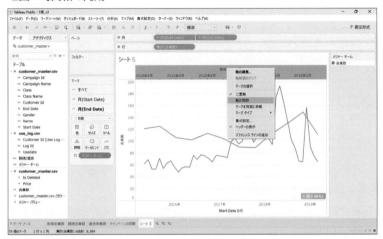

　軸を同期したら、上下に軸は必要ないので上の軸のみ「ヘッダーの表示」のチェックを外して、非表示にします。
　そして、［End Date］のマークカードの色に［継続/退会］をドラッグ＆ドロップします。
　すると重ね合わせたグラフが色分けされます。このとき凡例は継続利用者と退会者となっていますが、このグラフでは 継続利用者＝新規会員 として表現したいので、名称の変更を行います。凡例の「継続利用者」を右クリックして、「別名の編集」を選択します。

■図：別名の編集

　ここでは凡例を「新規会員」としますが、任意の名称に変更して構いません。シート名は「新規と退会の推移」に変更します。

　これで新規会員と退会者が月ごとにどの程度で推移しているか確認できるグラフが出来上がりました。

ノック 57 継続会員と退会者を利用回数で比較しよう

　ここでは、継続する会員と退会する会員では利用回数に違いがあるのではないか、という仮説を基に比較するグラフを作ります。このグラフには時系列の情報も加えます。

　まず、新しいシートを作ります。次に利用回数を算出するための項目を作成します。計算フィールドを作成して項目名に「利用回数」と入力し、以下の計算式を設定します。計算フィールドの作成手順はもう覚えていますね。

```
COUNT([Log Id])
```

　[Log Id]はジムを利用した際に必ず発行されるログのIDで、重複がない一意の文字列となっています。これをカウントすることで利用回数を算出することができます。

▄図：利用回数の算出

これでメジャー［利用回数］を作成できました。

次はグラフの作成に入ります。まず列に［継続/退会］、行に［利用回数］を入れます。そしてマークカードの「詳細」に［Name］を入れます。この状態で画面右上の「表示形式」をクリックし、グラフの候補から「箱ひげ図」を選択します。

▄図：表示形式のクリック

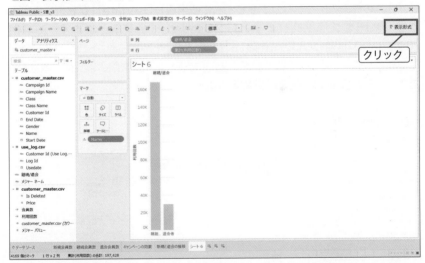

■図：箱ひげ図の選択

クリック

　グラフの形状が箱ひげに変化したので、ここに時系列の情報を追加します。列に [Usedate] をドラッグ＆ドロップします。すると列には年 [(Usedate)] が入り、これの先頭の田をクリックすると右に四半期 [(Usedate)] が表示しますのでさらに田をクリックしますと月 [(Usedate)] が表示されます。四半期 [(Usedate)] は使わないので削除し、[継続/退会] を列の右端にドラッグ＆ドロップで移動します。さらに色に [継続/退会] をいれます。次図のようになればOKです。シート名は「利用回数の推移」とします。

■図：利用回数の推移

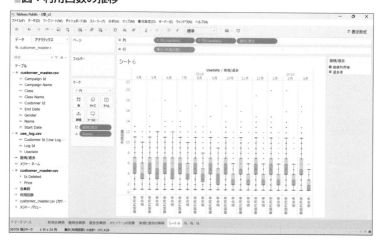

ノック 58 ジム会員継続月数を算出しよう

　継続利用者、退会者に関わらずジム会員がどれくらいの期間を会員として利用しているかは、顧客の分析をする上では知っておきたい情報です。ここでは、[Start Date]と[End Date]から継続月数を算出します。

　計算フィールドを作成し、以下の計算式を入力しましょう。名前は「継続月数」とします。

```
IF ISNULL([End Date]) THEN DATEDIFF("month",[Start Date],DATE("2019-03-
31"),"sunday")
ELSE DATEDIFF("month",[Start Date],[End Date],"sunday")
END
```

🔲図：継続月数の算出

コードの説明

```
IF ISNULL([End Date]) THEN DATEDIFF("month",[Start Date],DATE("2019-03-
31"),"sunday")
```

　ここでは[End Date]がNull、つまり継続利用者かどうかの判定をしています。use_log.csvのデータ期間が2019年3月31日までなので、そこを最大値として[Start Date]との差をジム会員の継続期間（月単位）として算出しています。

```
ELSE DATEDIFF("month",[Start Date],[End Date],"sunday")
```

　上の条件に該当しない、つまり退会者の場合は、[Start Date]と[End Date]の差をジム会員の継続期間（月単位）として算出しています。

59 会員情報を捉えるためのリストを作ろう

会員ごとの情報を一覧で見ることのできるシートを作成します。

まず、新しくシートを作成して、シート名を「会員情報一覧」とします。

次に列に［メジャーネーム］、行に［Name］、［Gender］、［Class Name］、［Campaign Name］をドラッグ＆ドロップします。

そして列に［Start Date］を右クリックでドラッグ＆ドロップします。ドロップする際にメニューが表示されるので、「Start Date(不連続)」を選択して、「OK」をクリックします。［End Date］も同じく追加します。

そして、マークカードのテキストに［メジャーバリュー］をドラッグ＆ドロップします。

するとメジャーが自動的に入りますが、ここでは［利用回数］と［平均(継続月数)］だけを残して他は削除します。次図のようになっていれば完了です。

■図：会員情報リスト

素材となるグラフの作成はこれで完了です。次からはいよいよダッシュボードの作成に入りましょう。

ノック 60　ダッシュボードの大きさを調整しよう

　これまで作成してきたシートを使って、ダッシュボードを作成していきます。画面下部にあるアイコンから、真ん中にある「新しいダッシュボード」をクリックします。

■図：新しいダッシュボードの作成

クリック

　ダッシュボードは使用するデバイスによって見え方が異なるので、本格的に作成する前に、閲覧時を想定した画面サイズを設定しておくのもポイントの一つです。PCやスマートフォンでは画面の大きさが異なりますし、PCも画面のインチサイズによって大きさが異なりますよね。画面の大きなPCで作成したダッシュボードが小さいPCの画面に収まらなかったり、レイアウトが崩れたりして使いづらいと言われるかもしれません。社内利用するPCの大きさが決まっている、あるいは使用するデバイスが決まっているというケースでは、画面サイズを先に設定しておくと手戻りが少なくなるでしょう。画面サイズは「自動」、「固定」、「範囲」があります。

　「自動」は、使用するデバイスのウィンドウサイズに合わせてダッシュボードの大きさを自動調整します。但し表示倍率を変えてくれる訳ではないので、大きい画面で作ったダッシュボードを小さい画面で見るとレイアウト崩れのように見えます。文字サイズも自動調整されません。

　「固定」は、予め指定したサイズでダッシュボードの大きさを固定してデザインする場合に使用します。使用するデバイスのウィンドウサイズに関わらず固定で表示するため、レイアウト崩れが発生することはありません。

　「範囲」は、固定サイズよりも少し柔軟性を持ったデザインにすることができます。最大サイズと最小サイズを決め、その範囲で画面が小さかった場合はスクロールが表示され、大きかった場合は空白で埋められます。使用するデバイスを一つ

に絞ることができない場合等に使用します。

　サイズを「固定」にする場合、Tableau側でレイアウトを用意してくれています
ので、ダッシュボードの左側にあるパネルから設定を選びましょう。カスタム設
定で任意の大ささを指定することもできます。例えば、横幅は1画面分のサイズ
とし、縦を長くしてスクロールできるようにするなども可能です。

■ 図：固定サイズパターン

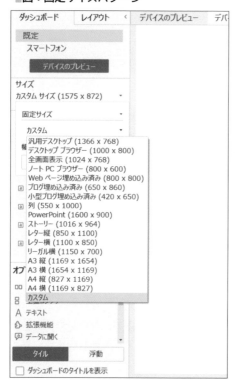

　今回は、サイズは「自動」でダッシュボードを作成していきましょう。前図のサ
イズのプルダウンで「自動」を選択してください。最初の内は「自動」で慣れて、コ
ツを掴んだところで「固定」を試してみるのがよいでしょう。

ダッシュボードにグラフを配置しよう

　グラフを配置していきましょう。左のサイドバーから「キャンペーンの効果」を「ここにシートをドロップ」と書かれているエリアにドラッグ＆ドロップします。作成してきたシートが左のサイドバーに用意されているので簡単ですね。

■図：グラフの配置

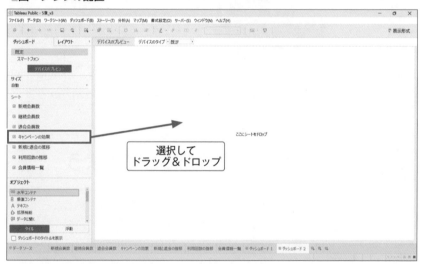

　さらに「新規と退会の推移」をドラッグ＆ドロップするとグラフを追加できます。ドラッグしているときにダッシュボード上で灰色になるところが配置される場所になります。

　「キャンペーンの効果」の右にドラッグすると右側が灰色になり、下にドラッグすると下側が灰色になります。配置したいエリアを認識しながらドロップしてください。

■ 図：グラフの追加

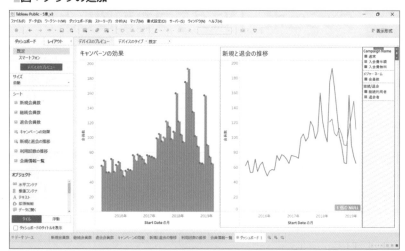

ノック
62 コンテナで綺麗に配置してみよう

　ダッシュボードにグラフを配置するのがとても簡単だとわかったところで、今度はグラフを綺麗に配置するためのノウハウを身に付けましょう。ダッシュボードを作るのは何もない床に物を置いていくようなものなので、適当に進めると整頓されていない部屋のようになってしまいます。部屋もダッシュボードもレイアウトが肝心です。

　新しいダッシュボードを作ると、最初に「タイルコンテナ」が作られて、これを部屋に置き換えると床の部分にあたります。ここに物(ワークシートなど)を置いていくのですが、物が増えるとどういうレイアウトかわからなくなってきます。

　そんなときは、サイドバーの「レイアウト」を見てみてください。下部に「項目の階層」があり、▼をクリックして展開すると「タイルコンテナ」の中にどうやって配置していったのかを確認することができます。

■図：レイアウトタブのクリック

■図：項目の階層

　配置するシートの量が増えると配置、サイズなどの調整が必要になります。Tableauが自動的に階層を作ってくれますが、前もってどういう配置にしようかを考えてから進めた方が後々の調整が楽になります。ここではレイアウトを整えるのに役立つ「水平コンテナ」と「垂直コンテナ」について学んでいきましょう。例えが良いかはわかりませんが、和室の畳のようなイメージです。水平コンテナは横向きの畳、垂直コンテナは縦向きの畳です。実際の畳と違うのは、自由に大きさを変えられる点です。

　まず、新しいダッシュボードを作成します。その次に「水平コンテナ」を配置します。オブジェクトから「水平コンテナ」を選択し、ダッシュボードにドラッグ＆ドロップします。この時はダッシュボードにまだ何もないのでどこでドロップしても大丈夫です。

■図：水平コンテナの選択

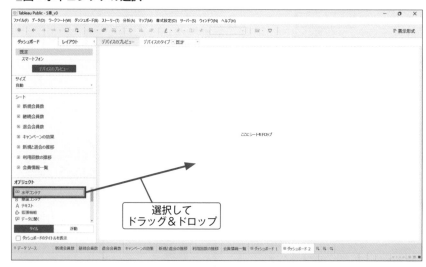

さらにこの「水平コンテナ」の下に、もう一つ水平コンテナを配置します。

■図：上下に水平コンテナを配置

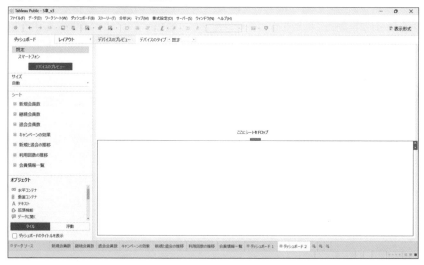

レイアウトで確認すると「水平コンテナ」が2つ並んでいることがわかります。
次は次図のように下の「水平コンテナ」にシート「キャンペーンの効果」と「利用回数

の推移」を配置します。配置したらどちらかのシートのタブの一番下の▼をクリックし、メニューを開いて「コンテナーを選択：水平コンテナ」をクリックします。

■図：水平コンテナを選択

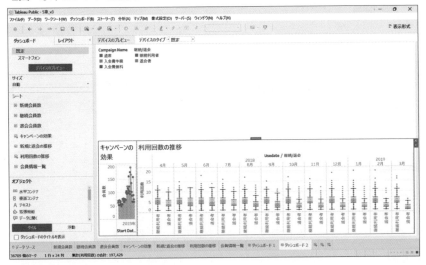

■図：コンテナーを選択：水平コンテナ

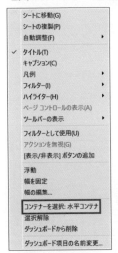

コンテナのタブをクリックしてメニューを開きます。

■図：コンテナの均等配置をクリック

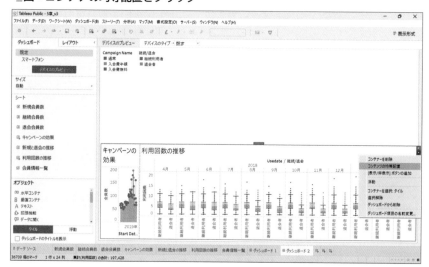

　するとコンテンツが左右均等に配置されました。これがコンテナを活用する利点の一つです。

■図：コンテナの均等配置

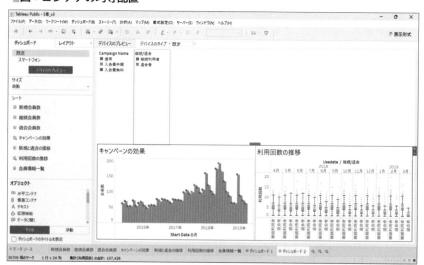

　次に上の水平コンテナにシート「新規と退会の推移」を配置します。配置後、上の水平コンテナに色の凡例が自動的に出てきていますが、あとで配置したいのでここでは一度削除しておきましょう。項目にカーソルを当てると×が表示されるので、クリックして削除します。そして、上の水平コンテナの「新規と退会の推移」の左に垂直コンテナを配置します。この垂直コンテナは次のノックで使用します。

■**図：垂直コンテナの配置**

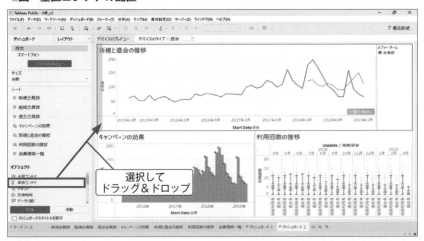

ノック 63 タイトルを好きな場所に入れよう

　このノックでは、ダッシュボード特有の見せ方の工夫をしていきます。ワークシートを作成すると自動でタイトルが設定されますが、タイトルの配置を横に移動したりスペースを広めにとるといったことができません。そのため、グラフタイトルを消して、テキストを別のオブジェクトで追加して代用する手法がよく用いられます。前のノックで学んだコンテナも交えながら使い方を見ていきましょう。

　まず、先ほど配置した「垂直コンテナ」とシート「新規と退会の推移」を均等に配置します。上の「水平コンテナ」を右クリックし、「水平コンテナ」→「均等配置」の順で選択します。

図：コンテナの均等配置

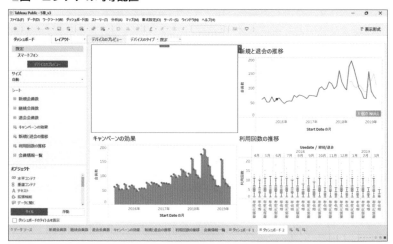

　次に空白の左の垂直コンテナに水平コンテナを1つ入れます。この中にシート「継続会員数」を入れます。次にこの水平コンテナの下にさらに水平コンテナを入れて、このコンテナにシート「新規会員数」を入れます。さらに水平コンテナを下にいれて、このコンテナにシート「退会者数」をいれます。イメージとしては次図のような形になります。

図：垂直コンテナに水平コンテナを配置

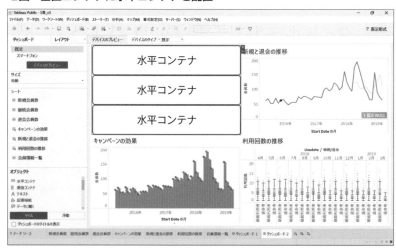

次に「継続会員数」が入っているコンテナにテキストオブジェクトをシートの左に追加します。

■図：水平コンテナにテキストを追加

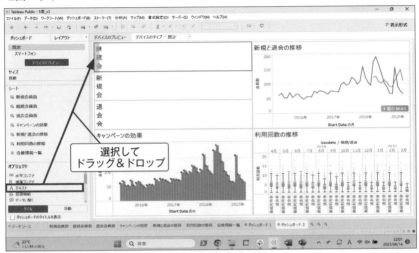

するとテキスト入力のウィンドウが出るので「継続会員数」と入力しましょう。フォントサイズは任意ですが、ここでは16にしておきましょう。

さらに「新規会員数」、「退会者数」の入っている水平コンテナでも同じようにテキストを追加します。

それぞれのシートはワークシートを作成したときにタイトルが自動で入っているので、これを消していきます。ワークシートを選択して右クリックし、メニューからタイトルのチェックを外します。それを同じように繰り返します。

■図：タイトルを消去

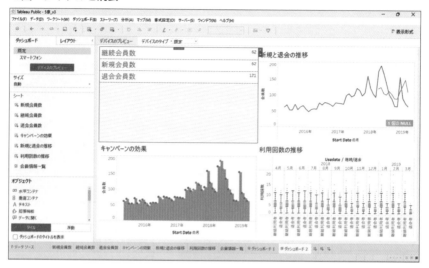

　　コンテナの均等配置で場所を整えましょう。まずそれぞれの水平コンテナ内を均等配置します。そして、上の階層の垂直コンテナも均等配置を行うと次図のようになります。

■図：垂直コンテナと水平コンテナを均等配置

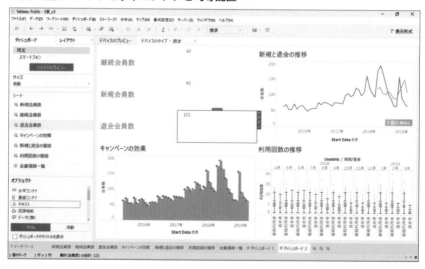

この時ワークシート内の文字が小さく上に詰まっているため、これを変更しましょう。

まず、ワークシートを選択し、右クリックします。メニューが開くので「自動調整」→「高さを合わせる」を選択します。

■図：シート内の自動調整

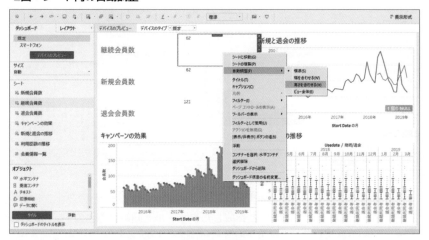

するとシート内の数字が中央に移動します。

■図：シート内の高さ調整

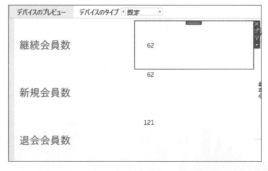

このままでは字が小さくて見づらいのでフォントを変更します。シート内の数字を右クリックして書式設定を選択すると、書式設定用のサイドバーが開きます。

■図：書式設定を開く

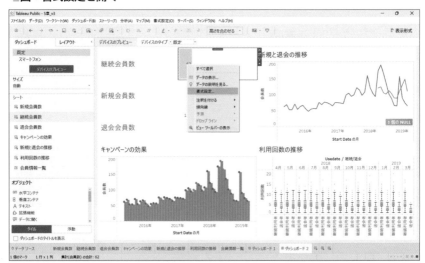

　サイドバーの「シート」タブを選択し、「既定」の「ワークシート」のフォントサイズを変更します。ここでは先ほど作成したタイトルと同じ大きさの16で設定します。これを「新規会員数」と「退会者数」でも同様に行います。

■図：書式設定を変更

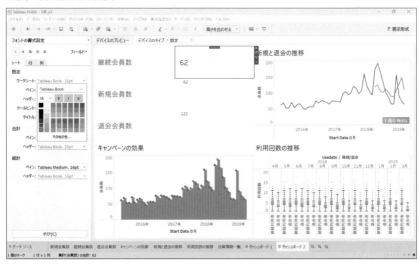

これで、ワークシートの仕組みに縛られず思った通りの見せ方に変えることができました。数字は右詰めにするとかフォントの色を変えるとか、もっと色々なことができそうですが、今回はここまでにしておきましょう。

コンテナの使い方やルールも、もうわかってきましたね？畳を綺麗に並べたら、物を置くときは畳からはみ出てはいけないというルールです。

ノック 64 複数のグラフに適用される フィルターを設定しよう

グラフを見て分析をする際にフィルターでの絞り込みが重要だというのは、皆さんも十分理解されていると思います。このフィルターがダッシュボード上の複数のグラフで連動してくれたら、もっと凄いことになると思いませんか？

ここでは、ダッシュボードの操作性を劇的に改善し、さらに可読性の向上にもつながる「複数グラフへのフィルター適用」を見ていきましょう。

はじめに、これまで作成したシートでまだ配置していない「会員情報一覧」を配置します。下の水平コンテナのさらに下に配置しましょう。次図のような状態であればOKです。ここではレイアウトが少し崩れますが、最後に調整するのでそのままにしておきます。

■図：会員情報一覧の追加

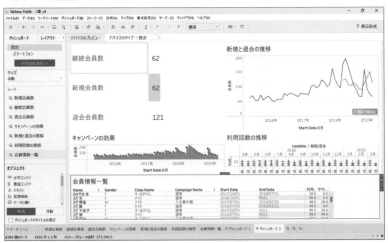

次にフィルターを追加します。今回は
customer_master.csvにある性別、クラス、入
会時のキャンペーンで絞られるようにフィルター
を追加したいと思います。まず、使用するフィル
ターをワークシートに追加するために、シート「新
規と退会の推移」にフィルターを追加します。ダッ
シュボードからシートに移動するときはシートの
タブをクリックして移動することができます。

■図：シートへの移動

クリック

移動したら、フィルターに[Gender]、[Campaign Name]、[Class
Name]を追加します。「すべて」と「なし」のどちらでも大丈夫ですが、ここでは「す
べて」にしておきましょう。

■図：フィルターの追加（Campaign Name）

シートに追加したら、ダッシュボードに戻ります。
「新規と退会の推移」のタブから▼をクリックし、「フィルター」にカーソルをホ
バーすると使用できるフィルターが表示されます。まずは「Campaign Name」
を選択しましょう。

■図：フィルターの選択

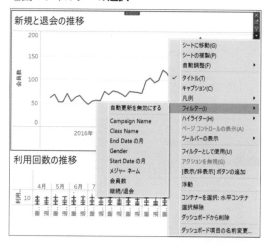

　フィルターが追加されました。次にこのフィルターが適用されるシートを設定します。

■図：フィルターの表示

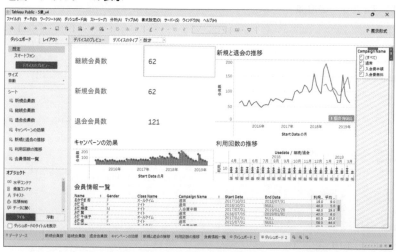

　フィルターのタブの▼をクリックして「適用先ワークシート」にカーソルをホバーし、「このデータソースを使用するすべて」を選択します。

■図：フィルターの適用先を指定

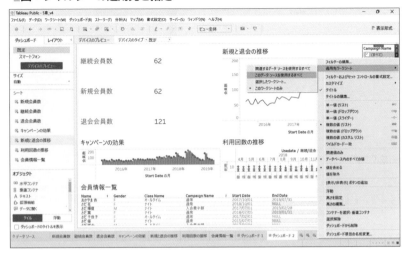

　これを「Gender」、「Class Name」でも行います。次図のようになっていれば
OKです。

■図：フィルターの追加

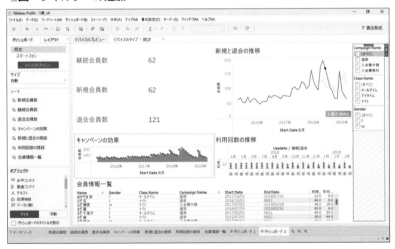

　フィルターがきちんと設定できているか、チェックを外したりして確認してみ
ましょう。チェック状態と連動してダッシュボードに配置した別シートが動作す

ればOKです。

　今回は「適用先ワークシート」で「このデータソースを使用するすべて」を選択しましたが、全体に適用させたくない場合は「選択したワークシート」を選んで、対象のワークシートを任意で設定するのがよいでしょう。複数のダッシュボードを持つくらいになると、「選択したワークシート」の方を使うケースが多くなるかもしれません。

ノック 65 フィルターアクションで操作性を 劇的に改善しよう

　ダッシュボードの使い勝手を更に向上させるために、次はフィルターアクションを見ていきましょう。何かの操作を契機として次の機能を動かすことをTableauではアクションと呼び、様々なアクションが用意されています。

　例えば今回のデータでは、ある月の新規加入者が他の月より多かった場合に、折れ線グラフで認識することができますね。折れ線グラフでその月のポイントをクリックしたときに別表の会員リストがその月の新規加入者だけに絞り込まれたら、分析のスピードも上がってすごく便利だと思いませんか?

　ここでは、気になったグラフをクリックした際に自動的に他のグラフにフィルターをかけてくれるフィルターアクションを追加してみましょう。まず、上のメニューバーから「ダッシュボード」を選択し、「アクション」をクリックします。

■図：アクションの設定画面を開く

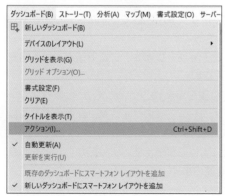

するとアクション設定画面が開くので「アクションの追加」をクリックし、「フィルター」を選択します。

図：フィルターアクションを選択

フィルターアクションの編集画面が表示されます。名前は任意で設定できますが、ここでは「フィルター1」のままでいいでしょう。但しフィルターアクションが増えてくると、どれがどれだかわからなくなりますので、後々整理するようにしましょう。

ソースシートは「利用回数の推移」をチェックします。ここで選ぶのはアクションの起点となるシートです。

アクションの実行対象は「選択」を選びます。選ぶ内容でフィルターがかかるタイミングが異なりますので、実際に試してみてください。

ターゲットシートは「会員情報一覧」をチェックします。ここで選ぶのは、自動的にフィルターがかかってほしいシートです。

選択項目をクリアした結果は「すべての値を表示」をチェックします。ソースシートでの選択が解除されたときに、ターゲットシートのフィルターが解除される設定です。

フィルターは、「すべてのフィールド」にしておきます。より細かいことをしたくなった場合は「選択したフィールド」を使います。

これでOKを押すとフィルターアクションの設定は完了です。「利用回数の推移」

のどこかを選択すると、会員情報の［Start Date］が選択した月のみに絞り込まれます。これでフィルターアクションの設定ができました。

■図：フィルターアクションの設定

<h1>ノック
66　ハイライトアクションで視認性を
上げよう</h1>

　次はもう一つよく使われるアクションであるハイライトアクションを使ってみましょう。まず先ほどのノックと同様にアクションの設定画面を開き、「ハイライト」を選択します。

■■図：ハイライトアクションの選択

　名前は「ハイライト１」のままで、ソースシートは「キャンペーンの効果」にチェックをいれ、アクションの実行対象は「カーソルを合わせる」にチェックを入れましょう。ターゲットシートは「会員情報一覧」です。これでOKを押してハイライトアクションの設定は完了です。

■■図：ハイライトアクションの設定

　実際にハイライトがかかっているかを確認するために、キャンペーンの効果の円のところにカーソルを移動してみましょう。するとキャンペーンの名前でハイライトがかかっていることが確認できました。

■図：ハイライトアクションの適用確認

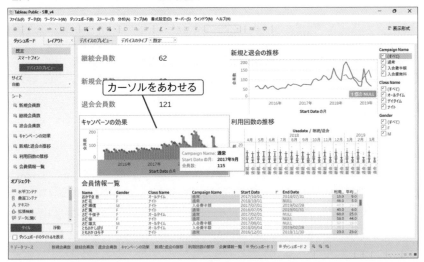

　このように様々なアクションを活用すると、操作が簡略化され、より使いやすく分析しやすいダッシュボードに変わります。今回はダッシュボードを一つしか用意していませんが、複数のダッシュボードがある場合、1つ目のダッシュボードで気になったポイントをクリックしたら2つ目のダッシュボードに自動遷移して、更にフィルターを掛けてくれるといったこともできます。

　これを自分で簡単に制御できるというのは、本当に凄いことだと思います。気の利いたアクションを使えるようになると、周りからも一目置かれると思いますよ。

ノック
67

パラメーターを使ってフィルターを
レベルアップしよう

　今回のダッシュボードでは「継続会員数」、「新規会員数」、「退会者数」をテキスト表示していますが、ここで表示される値は指定した年月のものにしたいと考えています。年月の指定はフィルターのように選択できる形にしたいと思います。

　ここで単純にフィルターを使うと今あるデータの中から選択肢を用意することになるのですが、そうではない選択肢を用意したい場合があります。今回で言えば毎月の初日を基準月（基準日）として表示したい、という状況です。このようなケースで力を発揮するのが「パラメーター」という機能です。パラメーターをフィルターと組み合わせるとフィルターがレベルアップするので、是非覚えてほしい機能です。

　では実際にやってみましょう。まずはパラメーターを作成します。シート「継続会員数」に移動し、[Start Date]を右クリックします。そして「作成」から「パラメーター」を選択すると、パラメーターの設定画面が開きます。データ型を「日付」、許容値を「範囲」とし、値の範囲の最小値を2018/04/01、最大値を2019/03/01とします。ステップサイズにチェックは1、月で設定します（次図左）。

　その後、リストにチェックボックスを入れると先ほどの範囲で設定されたリストが表示されます。そして名前を「基準月」とします。これでOKをクリックすると、「基準月」パラメーターの設定は完了です。

　データペインにパラメーターが新たに追加されました。[基準月]を右クリックして「パラメーターの表示」でワークシートにパラメーターを表示しておきましょう。この時点ではパラメーターの値を変更しても何もおきません（次図右）。

■ 図：「基準月」パラメーターの編集

■ 図：「基準月」パラメーターの確認

　次にこのパラメーターを用いて、継続会員数の表示を変更するためのディメンションを作成します。計算フィールドを作成し、名前を「継続会員数_パラメーター用」とします。以下の計算式をフィールドに入力します。

```
DATETRUNC('month',[Start Date])<=[基準月]
```

■ 図：「継続会員数_パラメーター用」の作成

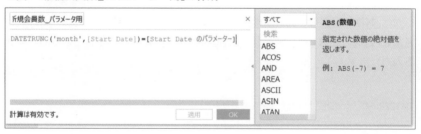

235

　これは［Start Date］を月で換算した場合に、［基準月］よりも前であれば真を
返すという計算式です。これをフィルターに入れることで、パラメーターで指定
した年月日時点での継続会員数が表示されるようになります。この「継続会員数_
パラメーター用」をフィルターに入れるため、現在入っているフィルターの「継続
/退会」を残して、他はフィルターから外します。そして「継続会員数_パラメーター
用」を追加します。「真」にチェックをいれてOKをクリックします。

■ 図：「継続会員数_パラメーター用」セットのフィルター設定

　これで、右にある［Start Date のパラメーター］を変更することで継続会員数
を変更するようにできました。

　次に、基準月の新規会員数が表示されるようにします。計算フィールドを作成し、
名前を「新規会員数_パラメーター用」とします。計算フィールドに以下の計算式
を入力します。

```
DATETRUNC('month',[Start Date])=[基準月]
```

■ 図：「新規会員数_パラメーター用」の作成

シート「新規会員数」を開き、現在のフィルターを外して、この「新規会員数_パ
ラメーター用」を入れます。先ほどと同じように「真」にチェックを入れてOKをク
リックします。パラメーターを表示し、値が変更することが確認で出来ればOK
です。

最後に基準月の退会者数が表示されるようにします。計算フィールドを作成し、
名前を「退会者数_パラメーター用」とします。計算フィールドに以下の計算式を
入力します。

```
DATETRUNC('month',[End Date])=[基準月]
```

■ 図：「退会者数_パラメーター用」の作成

シート「退会者数」を開き、現在のフィルターを外して、この「退会者数_パラメー
ター用」を入れます。先ほどと同じように「真」にチェックを入れてOKをクリック
します。パラメーターを表示し、値が変更することが確認できればOKです。

ダッシュボードに戻り、「継続会員数」タブの▼をクリックして「パラメーター」
の「基準月」をクリックします。

■図：「基準月」パラメーターの表示

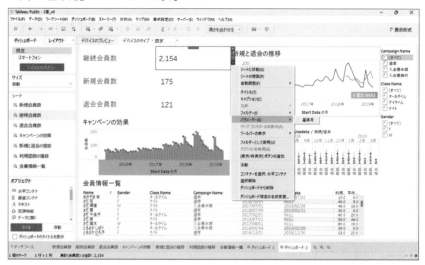

　右側のフィルターの下に「パラメーター」が追加され、基準月の指定に合わせて表示を変更できるようになりました。

　これでパラメーターとフィルターの組み合わせは完了です。まだまだ十分に理解が進んでいないかもしれませんが、元々用意されたフィルターだけでは実現できない難題にぶつかったとき、パラメーターを組み合わせればいけるかもしれないというのを頭の片隅に入れておいてください。

　パラメーターを使えるようになると表現力もアップするので、この後のノックでもっと使い倒していきましょう。

ノック 68 パラメーターとセットを使ってポイントを強調しよう

　ノック67で作成した「基準月」パラメーターを活用して、グラフ上の色を変換して実数値と推移を比較できるようにしましょう。行うのはシート「キャンペーンの効果」の棒グラフを基準月だけ色を変える、という工夫です。

　まず、シート「キャンペーンの効果」に移動して［新規会員数_パラメーター用］を右クリックし、「作成」から「セット」を選択します。

■図：［新規会員数_パラメーター用 セット］の作成

　セットの作成画面が開いたら、名前はそのままで「真」にチェックを入れてOK
をクリックします。このセットの値が真なら（＝セットの基になっている新規会員
数_パラメーター用と基準月と同じなら）、該当する箇所に変化を加える（今回は
色を変える）という使い方ができます。真にあたる一か所だけ色を付けて強調する
ことができるのです。

■図：［新規会員数＿パラメーター用 セット］の設定

　では作成した［新規会員数_パラメーター用 セット］を色に入れますが、シート「キャンペーンの効果」は二重軸のため、注意が必要です。棒グラフの方に入れて、色が［Campaign Name］と重複しないように変更しましょう。ここでは緑を使用しましたが、任意の色を設定して構いません。

■図：［新規会員数_パラメーター用 セット］を用いた色の適用確認

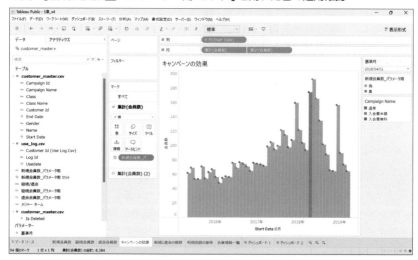

　ダッシュボードに戻って、パラメーターと連動して動くかを確認します。

■図：ダッシュボードの確認

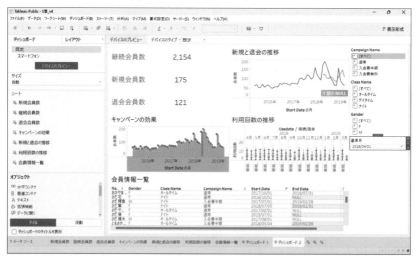

シート「キャンペーンの効果」もダッシュボード上で「基準月」パラメーターで動くように設定できました。

基準日に合わせてグラフを動的に変化させよう

次に利用回数の推移を基準日から直近3か月前までのみ表示するようにしましょう。現在はすべて表示されており、もともと情報量の多いグラフの為、ダッシュボードにすると細かくて可読性が低いです。そのため表示する範囲を絞り込むのですが、ここでもパラメーターを活用します。

まず、シート「利用回数の推移」に移動して、基準日パラメーターの表示を行います。基準日パラメーターを「2019年3月」に合わせます。そして、新しく計算フィールドを作成して、名前を「利用回数表示範囲」とします。計算フィールドに以下の計算式を入力します。

```
IF [Usedate] <= DATEADD('day',-1,[基準月])
AND [Usedate] >= (DATEADD('month', -3, [基準月])) THEN "Keep"
ELSE "Remove"
END
```

図：「利用回数表示範囲」の作成

これをフィルターに入れ、「Keep」を表示することで基準日から直近3か月の利用回数の推移を表示することができます。今回は「−3」を固定で入れていますが、半年前や1年前まで見たいかもしれません。そこで、「−3」の部分もパラメーターで指定して変えられるようにしましょう。

　はじめにパラメーターの作成を行います。データペイン上部の右端の▼をクリックするとパラメーターの作成を選択することができます。

■ 図：「パラメーターの作成」の選択

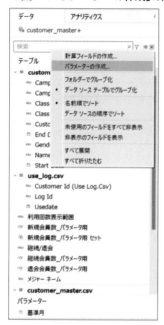

　パラメーターの作成画面で名前を「日付範囲」とし、プロパティのデータ型を「整数」にします。許容値のリストの値に「－12」、「－6」、「－3」、「－1」を入力します。

■ 図:「日付範囲」パラメーターの作成

　表示名は自動的に入力されますが、ダッシュボードに表示されるときにわかりにくいので、それぞれ「1 年間」「半年間」「3 か月前まで」「前月まで」としましょう。
　これを先ほどの[利用回数表示範囲]に適用します。
　まず、[利用回数表示範囲]を複製し、名前を「利用回数表示範囲_パラメーター」とします。
　そして、計算式を以下のように変更します。

```
IF [Usedate] <= (DATEADD('day',-1,[基準月]))
AND [Usedate] >= (DATEADD('month', [日付範囲], [基準月])) THEN "Keep"
ELSE "Remove"
END
```

■图：「利用回数表示範囲_パラメーター」の作成

この「利用回数表示範囲_パラメーター」をフィルターに入れ、「利用回数表示範囲」を外します。そして「日付範囲」パラメーターを表示して期間を変更すると、表示されるグラフの期間を動的に変えられるようになります。

　いかがでしょうか。パラメーターの理解が少しずつ進んでいませんか？フィルターだけでは実現できそうにないことも、パラメーターと組み合わせることできるようになりましたね。

ノック 70　ダッシュボードデザインを調整しよう

　これまでダッシュボードにグラフを配置して、フィルターやアクションなど様々な機能を追加してきました。最後にダッシュボードのデザインを調整して、より使う人に配慮したものに仕上げていきましょう。作業は以下の通りです。

①ダッシュボードタイトルの追加
②フィルターとパラメーターの再配置
③各グラフのタイトルの追加
④パディングの調整

　まずはダッシュボードタイトルの追加から始めます。オブジェクトから水平コンテナをダッシュボード最上部に配置します。

📖 図：水平コンテナの配置

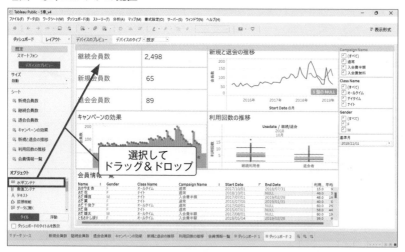

この水平コンテナ内にテキストを追加します。

📖 図：テキストの配置

テキストには「顧客ダッシュボード」と入力し、フォントサイズを「20」にします。
そして、この水平コンテナ内にさらに水平コンテナを入れます。場所は「顧客ダッシュボード」テキストの右にくるようにします。

■ 図：水平コンテナの配置

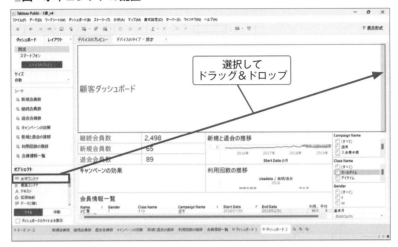

この水平コンテナにパラメーターとフィルターを配置していきます。

■ 図：「基準月」パラメーターの配置

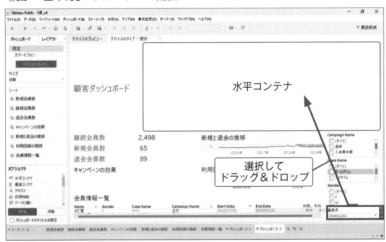

　全て配置したら、コンテナの配置を均等にしておきましょう。パラメーターとフィルターを配置したコンテナを選択して、「コンテンツの均等配置」を行いましょう。

■図：水平コンテナのコンテンツ均等配置

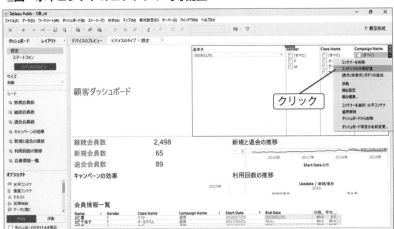

　次にこのダッシュボードタイトルを含むコンテナの高さを調整します。水平コンテナを選択して、高さを調整するカーソルが出たら、上へドラッグします。

■図：水平コンテナのサイズの調整

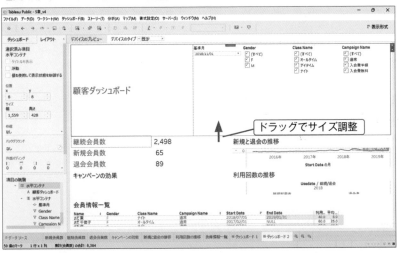

　サイズは任意ですが、「顧客ダッシュボード」テキストが全部表示されるくらいの高さにしましょう。

　サイズを調整するとフィルターが全部表示されなくなり、スクロールが表示されるようになりました。フィルターを選択する際にスクロールをするのはとても使いづらいので、ドロップダウンに変更しましょう。「Gender」フィルターを選択して、単一値(ドロップダウン)に変更します。

■図：フィルターのスタイル変更(単一値(ドロップダウン))

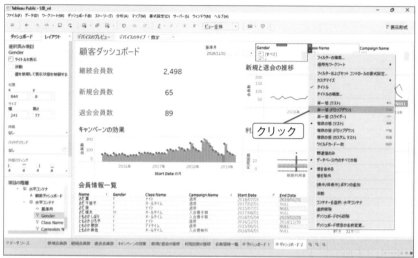

　またフィルタータイトルの「Gender」も「性別」に変えましょう。フィルターを選択し、タブを開き、「タイトルの編集」から「性別」に変更しましょう。

■図：「Gender」フィルターの名前変更

　同じく「Class Name」もドロップダウンに変更しましょう。「Class Name」は「オールタイム」、「デイタイム」、「ナイト」の3つがあり、複数を選択する可能性

があるので「複数の値（ドロップダウン）」を選択します。そして、タイトルも「クラス」
に変えましょう。

■図：フィルターのスタイル変更（複数の値（ドロップダウン））

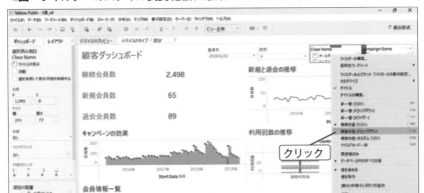

「Campaign Name」も「Class Name」と同じく「複数の値（ドロップダウン）」
に変更し、タイトルを「入会時のキャンペーン」に変更しましょう。タイトル変更
時は、タイトルをダブルクリックでも変更用のウィンドウが開いて変更できます。

そして、このダッシュボードタイトルとフィルターとパラメーターが格納され
ているヘッダーの色を変更しましょう。変更の際は、これら項目が入っている水
平コンテナを選択します。色は好きな色を選択してください。

■図：色の変更

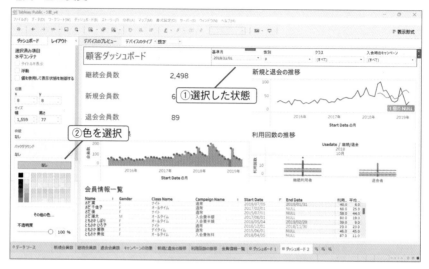

　次に各グラフにタイトルを追加していきます。

　まず、ダッシュボードタイトルの下に水平コンテナを配置します。そしてこの中にテキストを配置します。

■図：テキストの追加

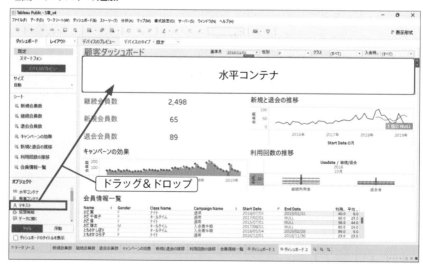

　テキストには、いつの会員数なのかも表示したいので、テキストの編集で挿入をクリックし、「基準月」を選択します。

■図：テキストに挿入

　テキストに〈パラメーター.基準月〉が挿入されます。これは選択されているパラメーターの「基準月」がそのまま挿入されるということです。ここに文字を加えて「〈パラメーター.基準月〉の会員数」と入力します。文字の大きさは「16」でOKを押します。

■図：会員数タイトルの編集

　すると現在「基準月」パラメーターで選択されている「2018/11/1」がタイトルに表示されるようになります。パラメーターは色々なところで使えますね。

■ 図：会員数タイトルの表示確認

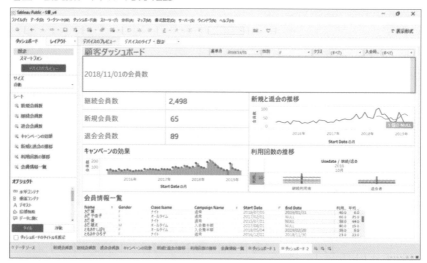

　次に「新規と退会の推移」グラフのタイトルを追加します。先ほどの水平コンテナの右にテキストをドラッグ＆ドロップします。

■ 図：テキストの追加

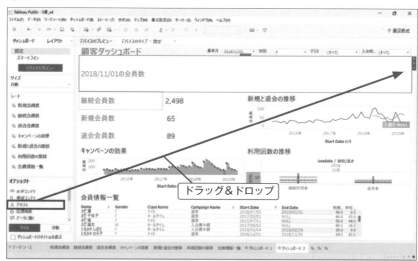

　テキストの編集に「新規と退会の推移」と入力し、文字の大きさは「16」にします。

■図：シート「新規と退会の推移」のタイトル

これら２つのタイトルを入れた水平コンテナの均等配置を行い、高さを調節します。

既にグラフにタイトルが入っているので消しましょう。シートを選択した状態でレイアウトの「タイトルを表示」からチェックを外すことでタイトルが非表示になります。

■図：シートタイトルの非表示

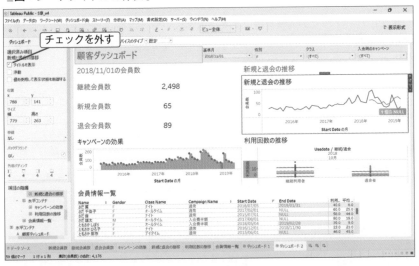

このタイトルを入力したテキストもダッシュボードタイトルのコンテナと同様に色を付けましょう。「キャンペーンの効果」と「利用回数の推移」でも同様にタイトルを配置します。さらに「会員情報一覧」のタイトルはテキストをそのままグラ

フ上部に配置します。
　図のように配置されれば、シートタイトルの配置は完了です。

■図：タイトルの配置確認

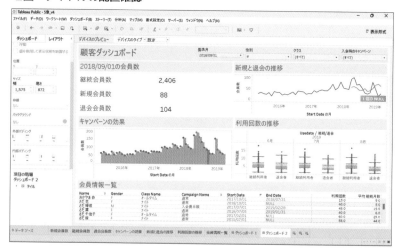

　最後にパディングの調整を行います。顧客ダッシュボードとフィルターが入っている水平コンテナと下のグラフタイトルとの間に空白がありますが、もう少し空白を広げてみましょう。
　まず、水平コンテナを選択します。

■図：ダッシュボードタイトルの水平コンテナの選択

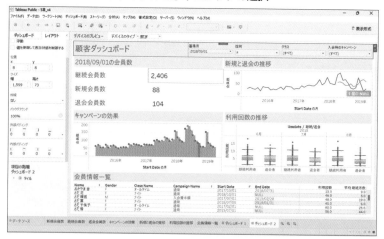

レイアウトを開いて、外部パディングの右の▼タブをクリックします（次図左）。

「すべての辺が均等」にチェックが入っていないことを確認して、下のパディングを「4」に設定します。ちなみに「すべての辺が均等」にチェックが入っていると全辺にパディングが入ります（次図右）。

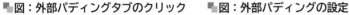

■図：外部パディングタブのクリック　**■図：外部パディングの設定**

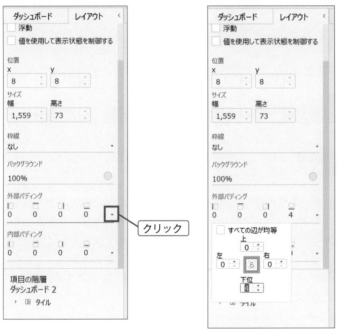

これでヘッダーと下のシートとの距離を調整できました。

■図：完成ダッシュボード

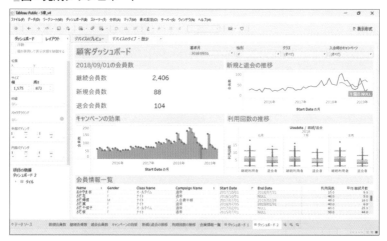

　ダッシュボードが完成です。最後に保存して終了しましょう。お疲れさまでした！
　使われるためにはどうすればよいのか？という点に注目してノックを進めていきましょう。前半で素材となる表やグラフを作成し、後半ではダッシュボードを構築する上でのノウハウを学びつつ、実践的な機能を追加する体験をしてもらいました。ダッシュボードをより良くするための改善はまだまだできるのですが、今回はここまでにしておきましょう。

　ダッシュボードはどんな立場の人が、いつどのようなシーンで、どれだけの頻度で見るのかといった状況を細かく整理すると、正解が1つではないことがわかると思います。ということは、使う人のストーリーを考えて繰り返し相談しながら改善していくことが重要です。
　それと同時に、見た目のストレス軽減や操作性といったところもポイントになってきます。凄いダッシュボードよりも、使われるダッシュボードの方が現場にとって役に立つのです。ダッシュボードを作る＝それを使う人がいるというのを忘れないようにしましょう。

　ダッシュボード編はもう少し続きます。次章ではまた少し違ったダッシュボードを構築していきましょう。

第6章
見やすいダッシュボード
向けグラフを作るための
10本ノック

　1章から始まった長い旅も5章まで終わり、残すところあと30本となりました。データ分析およびダッシュボード作成について学んできましたが、ここまでたどり着いた皆さんは、ほとんどのデータ活用プロジェクトにおいての基本の業務の流れを理解し、基礎的な操作に困ることは少なくなっていることでしょう。

　一方で、データ活用プロジェクトの現場では、「ダッシュボードやグラフなどが見にくい」の一言でプロジェクトが頓挫してしまうケースが多々あります。特に、ダッシュボードは誰かに使ってもらうためのものとして開発することが多いので、ダッシュボードが見にくくて使えないと辛辣なご意見をいただくこともあるのが実情です。もちろん、継続して使ってもらうためには常に改善していくのは重要ではありますが、グラフを作る際にいくつかのポイントを押さえておくだけで、グッと見やすいダッシュボードが作れるのも事実です。

　そこで本章では、ダッシュボードの構成要素であるグラフを見やすく作る方法を中心に説明していきます。これまで扱ってきた簡単なグラフを中心に説明していくので、目新しい操作はあまりありません。ただ、これまでやってきたデータ分析やダッシュボードを作るスキルも、使われなければ意味がありません。是非、実際に作って、見やすさを体験することで、見やすいグラフ作成の基本を押さえましょう。本章では、これまで扱ったデータとは異なり、ピザチェーンの注文データを用いてグラフを作成していきます。

あなたの置かれている状況

　あなたは、関東に出店しているピザチェーンのデータ分析チームに所属しています。キャンセルが異様に多くなっており分析を実施しました。分析を通じて、キャンセル率が高い店舗は受付から配達までの時間、つまり提供までの時間が長いことが見られました。これまでは、店舗の売上を中心に見てきましたが、提供時間やキャンセル率という新たな指標を取り入れたダッシュボードを作成することにしました。ダッシュボードを作成することによって、月次で本部のスタッフが自社の状況や店舗への声掛け改善へと繋げることを考えています。ただ、なかなか見やすいダッシュボードに向けて綺麗なグラフが作れずに悩んでいます。

前提条件

本章の10本ノックでは、ピザチェーンの4月注文データを扱っていきます。

ピザチェーンでは、注文を受けてからピザを作成して配達を行うため、注文受付時間とともに、提供を完了する時間もデータとして蓄積しています。また、配達以外にも店頭でテイクアウトしていく場合もあります。店舗は、関東のみに出店しており全部で196店舗存在します。なお本データは、可視化に専念できるように事前にデータ加工は実施してあります。

■表：データ一覧

No.	ファイル名	概要
1	tbl_order_202004_加工済み.csv	ピザチェーンの注文データ4月分

ノック 71 データを読み込んで件数を確認しよう

では、グラフを作成していきますが、まずは最初の2本でデータの読み込みと計算フィールドを作成して、可視化の準備を整えていきましょう。これまでの復習も兼ねていますので、思い出しながら進めていくと良いでしょう。もし不安なところがあれば、これを機に少し読み返しながら進めていくと良いでしょう。

それではデータの読み込みです。Tableau Publicを開いて、テキストファイルを選択します。その後、今回のサンプルデータが置いてあるフォルダに移動し、「tbl_order_202004_加工済み.csv」を選択します。選択すると読み込み結果が表示されます。

■図：データの読み込み

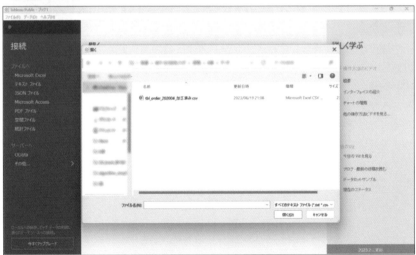

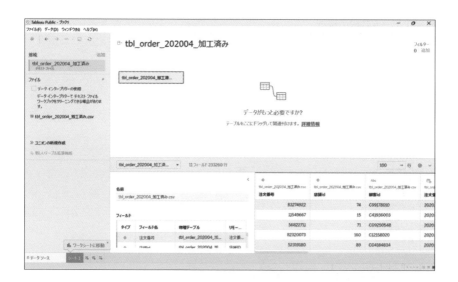

　読み込み結果を見ると、注文番号、店舗id、顧客idなどが目につきます。デー
タが表示されている部分をスクロールすると、他のカラムやデータなどが見られ
るので少し見てみてください。注文受付時間や完了時間、テイクアウトフラグ、
ステータスなどがあるのが分かります。冒頭にも述べたキャンセル率は、ステー
タスを見ると「提供完了」なのか「キャンセル」なのかが分かるようです。また、店
舗名の他に都道府県も存在し、関東地方の都道府県がデータに存在していること
が分かります。

　では、続いてシート1を作成してデータの件数を押さえておきます。新しいシー
トを作成できたら、「tbl_order_202004_加工済み.csv（カウント）」をマーク
カードのテキストにドラッグ＆ドロップします。

■ 図：データ件数の確認

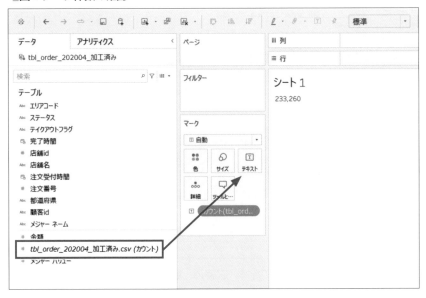

　表示の結果、今回のデータは232,260件のデータがあることが分かります。これは、注文ごとのデータなので、4月にピザチェーン全店舗に入った注文件数となっています。ここではやりませんが、金額をテキストに入れると4月の売上金額が分かるので試してみると良いでしょう。およそ7億円の売上となっているのが確認できるでしょう。ただし、ここにはキャンセルになってしまったものも入っているので、実際の売上は7億円よりも低くなります。

ノック 72 計算フィールドを作成して可視化の準備をしよう

　ここからは、「注文件数」、「キャンセル件数」、「キャンセル率」、「完了までの時間」の4つの計算フィールドを作成していきます。注文件数は先ほど確認したように「tbl_order_202004_加工済み.csv(カウント)」でも問題ないので作成しなくても良いのですが、分かりやすいため作成しておきましょう。

　まずは注文件数からです。計算フィールドの作成の仕方は覚えていますか。検索窓の横にある「▼」をクリックしてから「計算フィールドの作成」を選択します。

■図：計算フィールドの作成

　計算フィールドが表示されたら、1を入れて、フィールド名を「注文件数」とします。

■図：計算フィールド「注文件数」の作成．

これで、データにすべて1が入るので、例えば店舗ごとに合計（SUM）してあげれば、店舗ごとの注文数となります。繰り返しになりますが、「tbl_order_202004_加工済み.csv（カウント）」でも問題ないのですが、分かりやすさのために作成しています。今作成した「注文件数」をマークカードのテキストに入れてみると、先ほどと同じ232,260が確認できます。

■図：作成した注文件数フィールドの確認

では、続けて「キャンセル件数」、「キャンセル率」、「完了までの時間」を一気に作成していきます。先ほどと同様に計算フィールドを作成し、それぞれ次のように式を入れてみてください。

```
IF  [ステータス]=='キャンセル'  THEN 1
ELSE 0
END
```

■図：計算フィールド「キャンセル件数」の作成

```
SUM([キャンセル件数])/SUM([注文件数])
```

■図：計算フィールド「キャンセル率」の作成

```
DATEDIFF('minute',[注文受付時間]  ,  [完了時間])
```

■ 図：計算フィールド「提供までの時間」の作成

これで可視化の準備は整いました。ではいよいよポイントを押さえながら可視化していきましょう。

ノック 73 中心となる各種指標の可視化を作成しよう

5章のダッシュボードを振り返るとわかるように、まずは一番左上部分に重要な指標があり、そこから右もしくは下に向かうにつれて情報が細かくなっていきます。例えば5章でいえば継続会員数などが重要な指標に当たります。今回は、各種指標、店舗一覧情報、店舗別詳細情報の順番に情報が細かくなっていきます。各種指標はノック73で、店舗一覧情報はノック74 ～ 78で、店舗別詳細情報はノック79 ～ 80で扱います。今回は紙面の都合上、ダッシュボード作成は行いませんが、ダッシュボードの素材となるグラフのポイントを押さえていきます。

それでは、各種指標の可視化のポイントを押さえていきます。各種指標は、表示する数が絞られているのと、トレンドよりもどちらかというと値に意味を持つことが多いので、一目で分かるように数字をそのまま大きめに表示して強調するのが良いでしょう。今回は、「売上金額」「キャンセル金額」「キャンセル率」の3つを題材にいくつかポイントを説明していきます。

まずは、売上金額を作成していきます。新しいワークシートを作成し、「金額」をマークカードのテキストにドラッグ＆ドロップしたら終わりです。また、シート名を「売上金額」に変えておきましょう。シート名の変更は、該当のシート（今回ではシート2）を右クリックして、「名前の変更」を押せばシート名を変更できます。分からない方は、1章を読み返してみると良いでしょう。

■図：売上金額

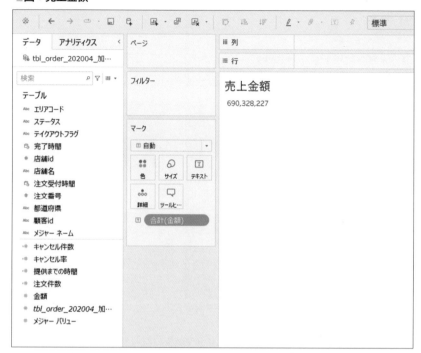

　先ほども話しましたが、約7億円が表示されましたが、これはキャンセルも含まれています。大きなポイントの1つですが、数字の間違いには特に注意を払って検算を行いましょう。当たり前のことなのですが、重要な指標が間違っていたらプロジェクトが解散するほどの大きなダメージとなる可能性が高いので気をつけましょう。

　今回は、フィルターで提供済みのものだけに絞りましょう。キャンセルかどうかは「ステータス」で分かるので、「ステータス」をフィルターに持っていきます。そうすると、フィルターを選択できるので、「提供済み」のみチェックをして、OKをクリックしましょう。

■ 図：「提供済み」データへの絞込み

フィルターを適用させた結果、次図のような結果になります。

■ 図：「提供済み」データの売上金額

　売上金額としては5.6億円程度の売上になっていることが分かりますね。では、続いて「キャンセル金額」を作成しましょう。ここまでやってきた皆さんであれば想像できると思いますが、これはフィルターを変えるだけです。今作成したワークシートを複製して、シート名を「キャンセル金額」に変更します。ワークシートの複製は、シート名の「売上金額」を右クリックして、複製を押します。

■図：ワークシートの複製

　複製されたら複製されたシートを右クリックして、「名前の変更」をクリックして、キャンセル金額に変更します。その後、フィルターにあるステータスを右クリックして、フィルターの表示をクリックします。

■図：フィルターの表示

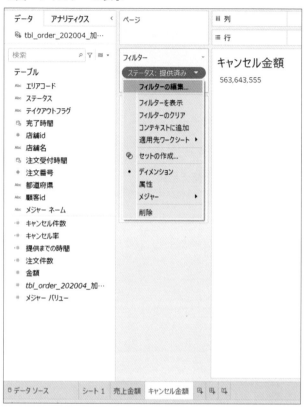

フィルターの選択画面が表示されたら、「提供済み」のチェックを外して、「キャンセル」にチェックを入れてOKをクリックします。その結果、フィルターによってキャンセルされた金額、つまりキャンセル金額が表示されます。

■図：「キャンセル」データへの絞込み

■図：キャンセル金額

　キャンセル金額は、約1.3億円とかなり大きくなっているのが分かりますね。これはしっかりと監視していくべき数字です。ここで、売上金額とキャンセル金額ははっきりと白黒つけられる数字で、売上金額は良い数字で、キャンセル金額は悪い数字です。そのため、キャンセル金額には赤色を付けておきましょう。

■図：キャンセル金額への配色

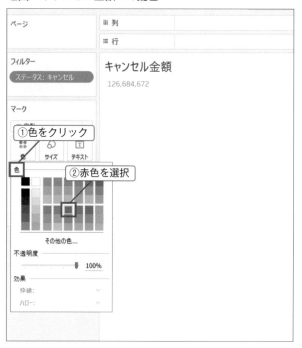

　色をクリックして、赤色を選択します。そうすると文字色が赤色に変化し、特に注意して見ることが可能となりますのでポイントとして押さえておきましょう。
　では、続いて「キャンセル率」をやっていきましょう。基本的にはこれまでと同じ流れですが、フィルターは必要ありませんので簡単です。
　新しいワークシートを作成して、キャンセル率をマークカードのテキストに入れます。ワークシートの名前を「キャンセル率」に変えるのを忘れないようにしてください。

■図：キャンセル率

0.1836ということは約18%のキャンセル率となりますので、やはりかなり大きいことが分かります。0.1836だと分かりにくいので、パーセント表示に変更しましょう。

キャンセル率自体の数値形式をパーセントに変更してしまいます。「キャンセル率」を右クリックして、既定のプロパティ、数値形式の順に選択します。サブウインドウが表示されたら、パーセンテージを選択してOKをクリックします。

■図：パーセント表示への変更

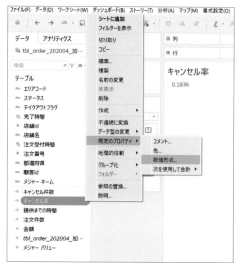
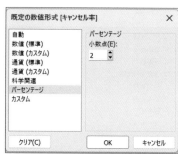

　これで、18.36％と表示されるはずです。このように、人間が理解しやすい数字形式で出してあげるのも非常に重要です。

　今回は、簡単にするために2020年4月分のデータのみを扱いましたが、例えば前年同月や前月のデータを保持していれば、前年同月や前月と比べて、改善しているのか／していないのかなどによって表示の色を変えることで、より数字が強調されて、一目で問題があるのかどうかを認識できるようになるでしょう。

　さて、ここまでで、各種指標の数字をダッシュボードで使用する際の作り方と、強調したい数字の色付け、人間が分かりやすい形式への変更などのポイントも挙げてきました。数字だけなのであまりピンと来ていない方もいらっしゃるかと思いますが、数字だけでも工夫はいろいろとできるので覚えておきましょう。

　次ノックからはいよいよグラフ作成に移りつつ、見やすさの体験に移っていきます。

ノック 74 テキストの向きを考えて棒グラフを作成しよう

　次は店舗一覧情報を題材に作成していきます。章の冒頭でも述べたように、今回はキャンセルが問題となっていたため分析を行い、「提供までの時間」を減らすことが重要であることが分かっています。そのため、ここでは店舗毎「キャンセル率」「提供までの時間」を中心にグラフを作成しダッシュボードに入れる想定です。

　まずは、新しいワークシートを作成し、ワークシート名を「店舗一覧情報」とします。

　シートの準備が整ったら、列に「店舗名」、行に「キャンセル率」「提供までの時間」を入れます。ただ、このままだと提供までの時間が合計されてしまうので、平均に変更しましょう。「合計（提供までの時間）」になっているところで右クリックをして、メジャー、平均を選択します。

■ 図：店舗一覧情報の作成

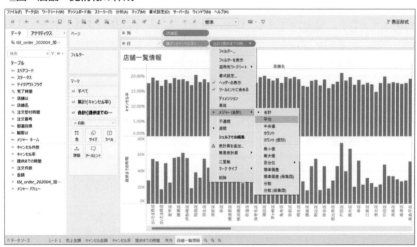

■図：店舗一覧情報の作成結果

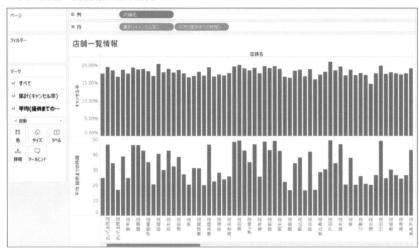

　これで、分析の結果見るべきと定めた「キャンセル率」と「提供までの時間」を可視化できました。横軸にラベル、縦軸に集計した値となっている今回のような棒グラフは、おそらくこれまで学校などで教わってきているもので、ある意味見慣れた棒グラフかもしれません。しかし、これでは非常に見にくいですね。その要因の1つは、店舗名が回転しており、首を傾けたくなってしまう部分です。こういう時の対処としては、縦軸にラベルを置くことです。つまり、今、行に入っているものと列に入っているものを交換すれば良いです。Tableauの場合は、1クリックすれば入れ替えが可能です。

■図：行と列の変換

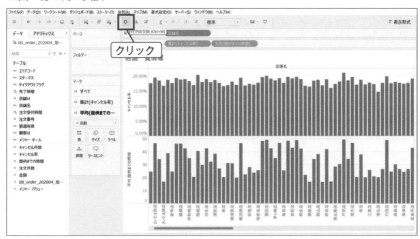

■図：行と列の変換結果

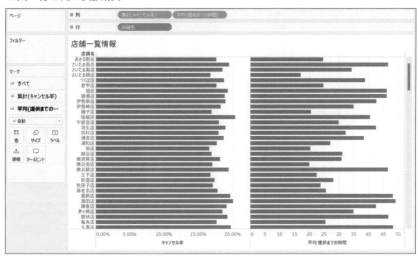

　いかがでしょうか。首を傾けて見なくても確認することができるのでパッと理解しやすくなっていませんか。

ノック 75 並べ替えによってグラフを見やすくしよう

　さらに見やすくするために、並べ替えを行いましょう。並べ替えは統一感を生みます。ダッシュボードには見るべき指標が表現されており、それは見たい対象によって順番があるはずです。今回で言えば、キャンセル率が高い店舗をなるべくキャッチしたいので、キャンセル率の高い順に並べていくと情報を適切に届けられます。高い順にどんどん小さな値になるようにするので、降順となります。逆に優良店舗を探す場合は、キャンセル率が低い順番に並べるので、昇順となります。このように同じグラフであっても、目的によって並び順は変えるべきなのです。では、並べ替えを行っていきましょう。

　並べ替えは先ほどの行と列の変換の隣にあります。降順で並べ替えを行ってみます。

■図：降順に並べ替え

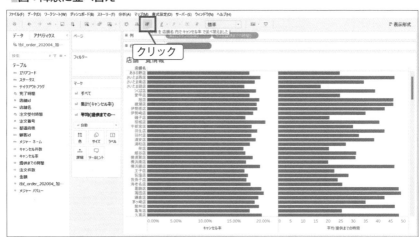

■ 図：降順に並べ替え結果

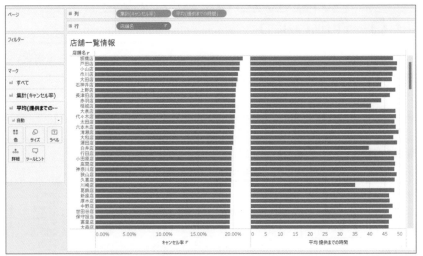

　いかがでしょうか。少し統一感が出てきて見やすくなってきませんか。今は、キャンセル率に対して降順になっていますが、目的に応じて並び順を整えてあげるだけで少し見やすくなるのが体感できたのではないでしょうか。ただし、順番に意味がある時には並べ替えするのは避けましょう。例えば、年代が70代、60代、50代、40代と順番に意味があるのにも関わらず値を基準に並べ替えをしてしまうと、年代が50代、60代、40代、70代のようにバラバラになりかえって分かりにくくなってしまいますので覚えておきましょう。

　さて、今回のグラフを下にスクロールしていくと提供までの時間のグラフも小さくなってくるので、分析した結果を裏付けるようなデータになっていますね。

　今回のポイントは、ラベルの向きに注意して棒グラフの向きを考えることと並べ替えによって統一感を持たせることでした。では続いて色について少し扱っていきましょう。

ノック 76 色の数を減らした棒グラフを作成しよう

　では続いて、色を扱っていきます。先ほどまで作成していた「店舗一覧情報」を継続して扱っていきます。まずは、何も考えずに「店舗名」を色に入れてみましょう。その際に必ずマークカードの「すべて」をクリックしてから色に「店舗名」をドラッグ＆ドロップしましょう。

■図：店舗名を色に追加

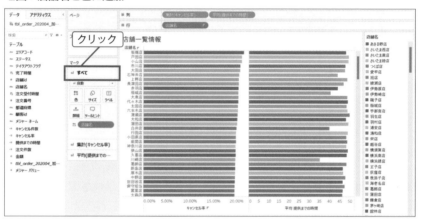

　皆さんの手元のグラフは様々な色が使われている色とりどりのグラフになっていることでしょう。カラフルではありますが、非常に見にくいのが実感できたのではないでしょうか。色の使い方は非常に難しく私たちも悩むことは多くあります。ただし、大原則として色の種類が多いと見にくいグラフになっていくということだけは意識しています。では配色を減らすために、色をもう少し粒度が粗い都道府県にしてみましょう。今、店舗名が入っているところに色を入れます。

■:図：都道府県を色に追加

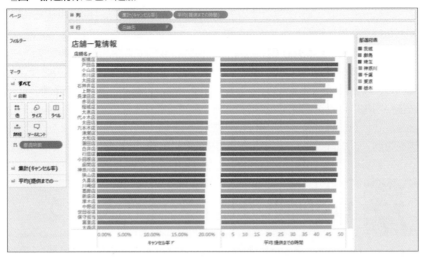

　先ほどよりも色が少なくなり、黄色の東京が多く上位にいることがわかります。また、栃木の中でも小山店がキャンセル率が高いことが見えます。先ほどよりは見やすくなりましたが、統一感がありません。もし統一感を出すのであれば、都道府県を行の店舗名の左にいれてみましょう。

■:図：都道府県を行に追加

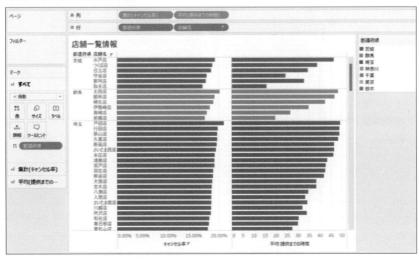

　いかがでしょうか。ちょっと赤色などの配色が目立ってしまいますが、先ほどよりは統一感が増しています。本章では触れませんが、配色もTableauのデフォルトだけで多色を表現するときつく見えることがあります。その場合、カラーパレットを変えてみると良いでしょう。少し控えめな色にするのがお勧めです。

　さて統一感が増したのは良い事なのですが、この場合は先ほどまでのグラフと異なり、埼玉では戸田店がキャンセル率が高いなどの都道府県ごとの店舗の立ち位置が明確にしやすくなっている一方で、都道府県をまたいで最も問題のある店舗を見つけたい場合は少し不適切なので注意しましょう。そこで次ノックでは、値を強調するためにちょっと違った色の使い方に挑戦してみます。

 # 色で強調した棒グラフを作成しよう

　それでは、ちょっと違った色の使い方をしていきます。まず手っ取り早く色で表現するためには値を色に入れることです。まずは、先ほど行に入れた「都道府県」を外した上で、マークカードの「集計(キャンセル率)」をクリックして、色に「キャンセル率」を入れます。

■キャンセル率を色に追加

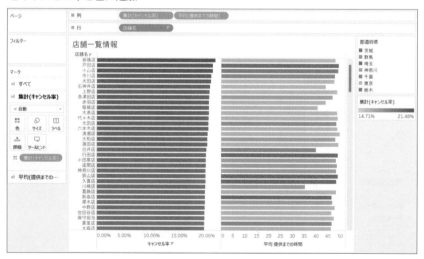

　続いて、マークカードの「平均(提供までの時間)」をクリックして、色に「提供までの時間」を入れます。このままだと合計として集計されてしまうので、平均に変更しましょう。

◼図：提供までの時間を色に追加

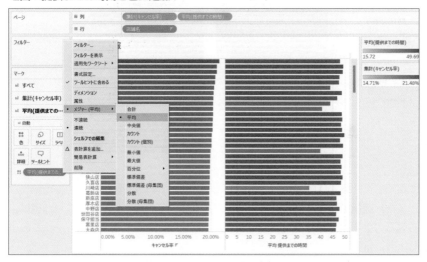

　これで、キャンセル率や提供までの時間が大きければ大きいほど、青色が濃くなります。図だと分かりにくいのですが、グラフをスクロールすると違いが分かると思います。

　ここでは紙面の都合上、操作方法の説明は行いませんが、次図のように赤青の色で強調するのも1つです。

■図：赤青分化による表現

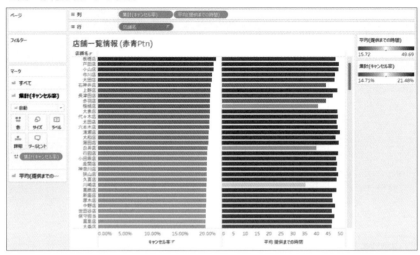

　また、店舗ではなく都道府県レベルであれば色の表現も見やすくなり、値による強調の効果は分かりやすいでしょう。こちらは作るのが簡単なのでやってみましょう。

　先ほどまで作成していた「店舗一覧情報」シートを複製して、複製したシートの名前を「都道府県一覧情報」に変えます。ここまでやってきたので覚えているかと思いますが、下部にある対象のシート名を右クリックすると、「複製」や「名前の変更」が出てきますのでやってみましょう。複製できたら、行の「店舗名」を「都道府県」に変更します。「都道府県」を行の「店舗名」のところにドラッグ＆ドロップしましょう。

▉図：都道府県一覧情報の作成

　少し見にくいので、並べ替えを行いましょう。上部にある降順の並べ替えをクリックします。

▉図：都道府県一覧情報

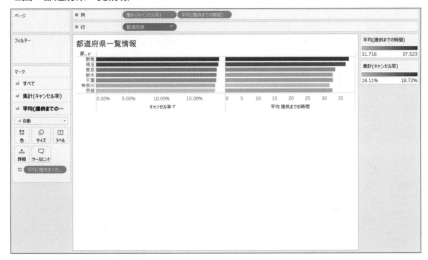

　しっかりと群馬に問題があるのが認識できますね。このように、値自体を強調したい場合は、値を色に入れることでグラデーションなどによる強調が可能となるので覚えておくと良いでしょう。今回でいうところの店舗名などのラベルを、

行のラベルとしても使用して色にも使用するようなことはやりがちな操作ではあるのですが、色がカラフルになりすぎて何を表現したいのかが分かりにくくなってしまいます。ラベルは行でしっかり分割できているのであれば、強調したい項目などをなるべく色の種類を押さえて使用するのが良いでしょう。

ノック 78 棒グラフを仕上げよう

　さて、これまでいろいろ作成してきた棒グラフも最後のノックとなります。最後は棒グラフの調整です。棒グラフの表示する数や、ラベル表示などを調整していきます。ここまで体験してきてお分かりのように、過度に情報を詰め込みすぎないで情報をどれだけ絞込みつつ、伝えたいことを表現できるかが重要です。例えば、店舗が196店舗スクロールできるのは便利である一方で、どこに注目して良いのかが分かりにくくはなります。一方でキャンセル率が高い上位10店舗を重点的に監視していくということにフォーカスした場合は、上位10店舗に絞って表示をする思い切りも必要になります。ダッシュボードを触って探索できるような時間的な余裕がない人がユーザーの場合は特に情報の絞り込みが重要になります。そこで、まずは店舗をキャンセル率が高い上位10店舗に絞ってみましょう。

　ワークシートの「店舗一覧情報」を選択した上で、「店舗名」をフィルターにドラッグ＆ドロップします。また、サブウインドウが出たら「上位」タブをクリックします。

■図：店舗名フィルターの追加

上位タブ選択したら、「フィールド指定」を選択肢、「tbl_order_202004_加工済み.csv」をクリックして、「キャンセル率」に変更します。これで、キャンセル率の上位10店舗に絞込みできます。もし10ではなく20店舗にする場合は10の部分を変更すれば良いのでじってみるのも良いでしょう。設定が完了したらOKをクリックします。

■図：キャンセル率上位10店舗に絞込み

■図：キャンセル率上位10店舗

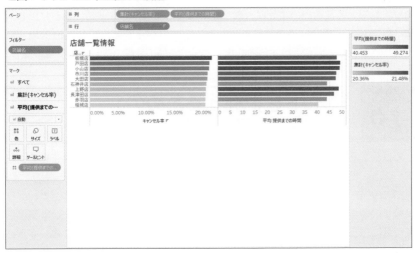

　これで上位10店舗に絞込みが完了しました。最後にラベルを追加しましょう。これまでも操作はやってきていると思いますが、マークカードのラベルをクリックして、「マークラベルを表示」にチェックを入れます。今回は、「すべて」に対して表示させたいので、マークカードの「すべて」を選択してから行ってください。

■図：マークラベルの表示

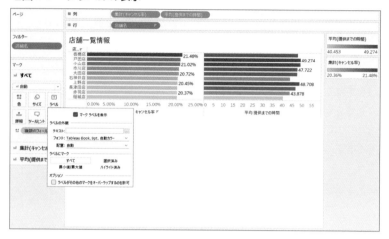

　正直なところ、ダッシュボードに関して言えばマークラベルの表示は必須では
ありません。各種指標のような大事な数字は大きく表示しますし、あまりにも大
量に数字がある場合は逆に見にくくなってしまうからです。Tableauの場合は
ツールヒントも上手く活用するのも手ですので、頭の片隅に入れておきましょう。

ノック 79 トレンドを把握するための折れ線グラフを作成しよう

　では、さらに店舗別詳細情報として、キャンセル率の日ごとの変化を見ていき
ましょう。日ごとのようなトレンドの把握は折れ線グラフで作るのが一般的です。
そんなの当たり前だと感じられる方も数多くいらっしゃるかとは思いますが、デー
タ分析の現場でいまだに表形式ですべて読んでいるので困っているという事例を
良く耳にします。ノック73でやったような各種指標は大事ですが多くありすぎる
と逆に分かりにくくなってしまいます。トレンドのように前後関係や全体を俯瞰
しながら見るような用途にはさらに不向きなのでしっかり押さえておきましょう。

　では、折れ線グラフを作成していきましょう。まずは新しいシートを作成して、
シート名を「店舗別詳細情報」に変更します。ここでは「注文受付時間」を列に、「キャ
ンセル率」を行にドラッグ＆ドロップします。このままだと「注文受付時間」が年単
位なので、列にある「注文受付時間」を右クリックして、日に変換します。図の通り、
「日」が2つありますが、上の方の「日」を選択してください。

■図：注文受付時間を年から日に変更

■図：キャンセル率の日別推移

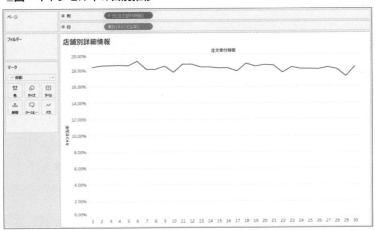

　これで、全体のキャンセル率の推移が確認できました。今回は店舗別詳細情報として知りたいので、行に「店舗名」を入れてみましょう。

■ 図：店舗別キャンセル率の日別推移

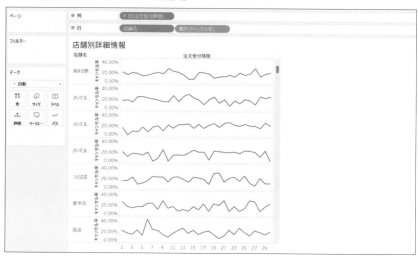

　折れ線グラフを見るとどこも概ね横ばいですが、トレンドは分かりやすくなっていますね。今回のデータではあまり見られないですが、折れ線グラフにすることで、キャンセル率が日ごとに改善している店舗などがあればすぐに見つけ出すことができそうです。

　ちなみに、折れ線グラフでトレンドだけを見たい場合は、必ずしも軸をゼロスタートにする必要はありません。棒グラフの場合は、基本的には軸はゼロスタートにしないと、大きなミスリードに繋がる可能性があります。ただ、折れ線グラフの場合は、絶対的な数字ではなくあくまでも動きを見たいので、ゼロにこだわる必要はありません。

　もし、ゼロを含めないように軸を編集する場合は、軸部分の上で右クリックをして、軸の編集を選択します。

■ 図：軸の編集の選択

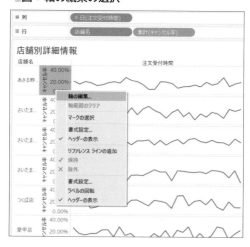

　軸の設定のサブウインドウが表示されたら、「ゼロを含める」のチェックを外します。また、「自動」ではなく「各行または列の独立した範囲」を選択します。

◾図：軸の編集

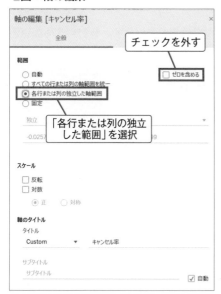

◾図：軸の編集結果

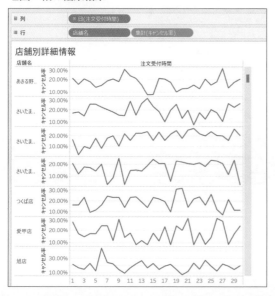

　これを選択すると、店舗ごとにTableauで勝手にグラフを適切な範囲でスケールして可視化してくれます。もし選択していない場合は、全データに対して軸が設定されるため、店舗ごとにキャンセル率の絶対値に差があった場合には、キャンセル率が小さい店舗の動きが見えにくくなってしまいますので覚えておきましょう。

　一方で、軸を変えるということはリスクもはらんでいます。ゼロを含めない場合や各行独立にする場合、実際は小さな値も大きく見える為解釈のミスリードを生む可能性があるので、しっかりと頭に入れておきましょう。では、折れ線グラフの場合のラベルを本章の最後のノックで取り扱いましょう。

ノック 80 折れ線グラフのラベル表示を作成しよう

　最後のノックは折れ線グラフの場合のラベル表示です。さっそくやっていきましょう。まずは、あまり難しく考えずに、マークカードのラベルをクリックして、マークラベルの表示にチェックを付けてください。

■図：マークラベルの表示

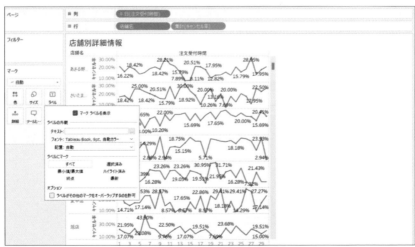

　チェックを付けた瞬間に分かるのですが、ラベルがたくさん表示され、非常に見にくいグラフとなってしまいした。これだけ多いと何を見たいのか分からなくなりそうですね。

　そこで、折れ線グラフの場合は、最新データだけラベルを指定するとスマートなグラフになります。

　ではさっそくやってみましょう。マークラベルの表示をチェックしたボタンをクリックします。

　その中の「ラベルにマーク」の「最新」をクリックします。

■図：最新ラベルの表示

■図：最新ラベルの表示結果

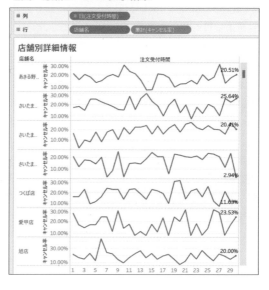

　いかがでしょうか。大分スッキリしたのではないでしょうか。今回のように折れ線グラフの場合は時系列で用いられることが非常に多いです。そのため、最新データの鮮度が高く最新データだけが知りたい / 見たいというケースになることが多いので、このような表示方法を覚えておくと良いでしょう。

　これで、第6章は終了であるとともに第3部が終了です。これまでの流れとは違って、業務の流れというよりかは、ワンポイントアドバイスに近い形で、ダッシュボードをより良くするためのグラフ作りを学んできました。様々なグラフを実際に作ってみて、見にくいグラフとの違いを感じてもらえたのではないでしょうか。本当に些細な工夫でダッシュボードはグッと見やすくなります。もちろんまだまだお伝えしたいことはあるのですが、最低限の基本は説明できたのではないかと思っています。今回の説明をもとにより良いダッシュボードへの意識が少しでもついてくれていれば嬉しいです。

　さて、ここから先は発展編です。本章ではグラフ自体は棒グラフ、折れ線グラフ、数字などの基本的な可視化をもとに、色やラベルの付け方によるアドバイスをさせていただきました。一方7章では、さらに可視化の表現を増やすためにいろんなグラフを作成していきますので、是非楽しんで挑戦してみてください。また、最後の8章では、これまで扱えていなかった1歩進んだ機能を紹介しています。少し一息ついて、残り20本、頑張ってください！

第**7**章
可視化の引き出しを
増やす
10本ノック

　本書ではここまで、Tableauの基本操作とデータ分析などのシーンにおける実践的な使い方を学んできました。本章を含む最後の2章では、Tableauの応用的な使い方を学んでいきます。

　本章では、これまでの章でも作ってきた表や折れ線グラフなどの基礎的な可視化を少しだけリッチにしてみたり、普段は出番が少ないグラフをあえて使ってみてその特徴を理解したり、通常のデータ分析に留まらないTableauの使い方を試してみます。

　本章の狙いは、様々なグラフ作成の体験を通じて可視化の引き出しを増やすことで、皆さんのTableau活用のレベルを底上げすることにあります。本章で扱う内容を知らずとも、Tableauの活用は十分できるでしょう。しかし、一度活用に慣れてしまうと、中々細かいテクニックには目がいかなくなってしまうものです。「こんなこともできたんだ！」と後から知って後悔するよりも、早いうちからTableauでできることを幅広く知っておくと良いでしょう。後半では複雑な計算や手順を要するグラフにもチャレンジします。100本ノックの名の通り、特訓のつもりで頑張りましょう！

前提条件

　本章の10本ノックでは、次の表に掲載したデータを扱っていきます。

　グラフを少しだけリッチにする4本と色々なグラフを使ってみる3本では、「merge_view_comment.csv」と「word_list.csv」の2つを使用します。「merge_view_comment.csv」は、Webサイトで公開されているコミックの閲覧数と作品に対するコメント数を日次で収集したデータです。「word_list.csv」は、特定の作品に対するコメントを抽出し、自然言語処理などのプロセスを経て、単語の出現回数の集計とその単語の意味がネガティブなものなのか、ポジティブなものなのかというネガポジ判定を行ったデータです。Tableauの可能性を模索する3本では、前半の2本ではシステム開発のスケジュールデータである「プロジェクトスケジュール.csv」を、最後の1本では人事評価データである「評価.xlsx」と「レーダーチャート_背景.png」を使用します。本章は色々な可視化を試してみることに重きを置いているので、データの詳細な説明や考察は割愛しています。

■データ一覧

No.	ファイル名	概要
1	merge_view_comment.csv	作品別の閲覧数・コメント数データ2週間分
2	word_list.csv	頻出単語とネガポジ判定の結果
3	プロジェクトスケジュール.csv	システム開発を想定したスケジュール
4	評価.xlsx	人事評価データ
5	レーダーチャート_背景.png	レーダーチャートの作成で使用

ノック
81

ハイライト表で表を見やすくしよう

　最初の4本では、これまで作ってきたグラフを見やすくするなど、より良いものにするための可視化の手法を紹介していきます。まずはデータの読み込みからです。Tableau Publicに「merge_view_comment.csv」と「word_list.csv」の2つのファイルをインポートしてください。結合などは行わないので、それぞれ別のデータソースとして作成して問題ありません。

■図：データの読み込み

　データの読み込みができたら、さっそくシートを作成し、このような表を作ってみてください。作品名別で閲覧数を集計したシンプルな表です。

■図：表の作成

これまで何度も扱ってきたので簡単ですね。

しかし、これだとただのデータの羅列にすぎません。可視化を行う目的は、データの理解を容易にし、考察することにより多くの脳のリソースを割くことにあります。言ってしまえば、この表だと元ファイルを直接見るのと大して差はありません。そこで、この表を少しだけ見やすくしてあげましょう。今の状態で「表示形式」から「ハイライト表」を選択してください。

■図：ハイライト表

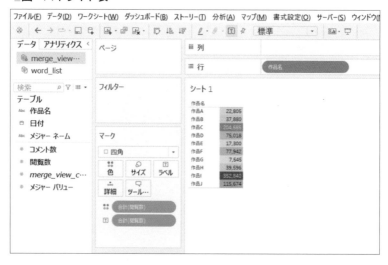

どうでしょう、値の大小が明確になり、見やすくなったのではないでしょうか。このように値の大小を色の濃淡で表現するグラフは「**ヒートマップ**」とも言われています。

分かることは値の大小で、棒グラフなどでも代用はできますが、数値がどこに集中しているのかを把握する手軽な手法としてよく使われます。

続いて、列に「日付」を追加し、不連続の正確な日付にしてみましょう。ヒートマップはこのような**クロス集計**の形式でもよく使われます。

■ 図：ハイライト表（クロス集計）

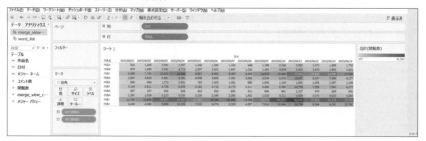

ノック 82 折れ線グラフにデータ点をつけてみよう

次は、折れ線グラフの見た目に関するちょっとしたテクニックです。まずは、これまでと同じ方法で折れ線グラフを作りましょう。列に「日付」の正確な日付、行に「閲覧数」を入れ、色に「作品名」を入れましょう。

■ 図：折れ線グラフ

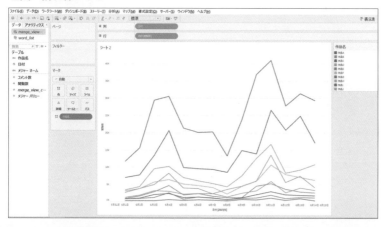

　見慣れた折れ線グラフですが、これに甘んじず、もう少し見やすくしていきます。折れ線グラフのひとつひとつのデータ点を見やすくする処理です。「色」の「マーカー」からでもデータ点をつけることはできますが、これでは点が小さいので、別の方法で実装していきます。

　まずは、行に入っている「合計（閲覧数）」をコピーしてください。次に、追加した「合計（閲覧数）」を右クリックし、「二重軸」を選択します。これで、2つの折れ線グラフが重なる状態ができました。念のため、閲覧数の軸を右クリックし、「軸の同期」を行いましょう。これで左右の閲覧数の目盛りがずれなくなります。

■ 図：折れ線グラフ（二重軸）

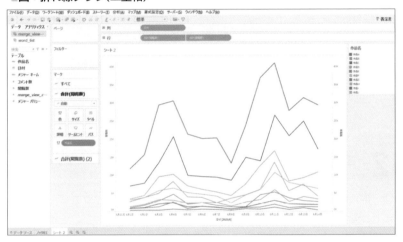

　さて、ここまでできたら次は重なっている一方の折れ線グラフを「円」にします。「マーク」カードから「合計（閲覧数）（2）」の形式を「円」に変更しましょう。

■図：グラフ形式の変更

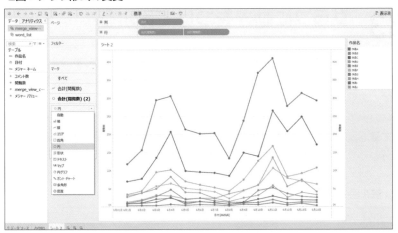

これでデータ点がくっきり見えるようになりましたね。あとは円のサイズを変更したり、必要に応じて「ラベル」に値を入れるなどの調整を行って完了です。

■図：グラフの見た目の調整

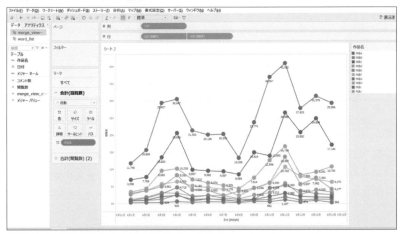

ちょっとした工夫ですが、前よりも見栄えが良くなったのではないでしょうか？報告書などで人に見せるグラフを作る時は、こういった細部にまでこだわることができると良いでしょう。

ノック 83 グラフに動きをつけてみよう

　Tableauにはグラフに動きをつける機能があります。日付などをフィルターとして用いて表示するグラフを一定の速度で切り替えることで、グラフに動きを与えます。実際に見てみる分かりやすいので、さっそく作ってみましょう。

　列にコメント数、行に閲覧数を追加してください。そして、「詳細」に作品名を入れて散布図を作成します。「色」にも作品名を入れてどのデータ点が何の作品なのか分かりやすくしましょう。

■図：散布図の作成

　次に、この散布図に動きをつけることで、日ごとにどのようにデータ点が変化するのかを見ていきます。「ページ」シェルフに「日付」を入れ「正確な日付」にしましょう。すると、画面右に新たにカードが表示されたかと思います。これで、グラフに動きをつけるための設定は完了です。

図：ページシェルフの設定

それでは、実際にグラフを動かしてみましょう。カード内にある再生ボタンを押すと、日付が切り替わるのと併せて散布図も変化していくかと思います。これが**モーションチャート**とも言われる、グラフに動きをつける可視化の形式です。もう少し深堀って見ていきましょう。カード内に「履歴を表示」という項目があります。ここで履歴表示に関する設定を行うと、モーションチャートの中でデータの動きを追跡することが可能になります。「履歴の表示」をクリックし、次図のように設定のうえ、「履歴の表示」の左にあるチェックボックスにチェックを入れましょう。

図：履歴表示設定

設定が完了したら、散布図の任意のデータ点を選択し、もう一度再生してみましょう。

■ 図：履歴の表示

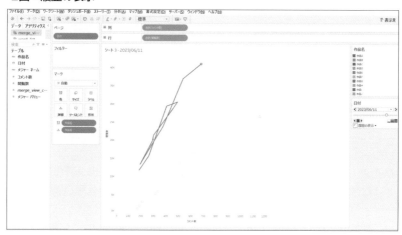

　散布図でデータがどのように変化しているのかが分かりやすくなりましたね。
　このように履歴まで表示させることで、データがどの領域で変化しているのか
が分かり、特徴的な動きをした際にも気づきやすくなります。特に散布図のよう
な複数の指標の関連性を見る可視化では、時系列の推移を追うことが難しいので、
このようなモーションチャートを積極的に活用してみましょう。

ノック 84 円グラフをドーナッツチャートにしてみよう

続いては、円グラフを少しだけリッチにしていきます。ここでは「**ドーナッツチャート**」を作ってみます。ドーナッツチャートとは、円グラフの中央部にスペースを作り、スペース内に合計値や強調したい情報を表示できるようにしたグラフです。見た目がお菓子のドーナッツに似ていることから、ドーナッツチャートと呼ばれています。

今回は先にアウトプットイメージを紹介してから、実際に作っていきます。

本ノックで作るドーナッツチャートは以下のものです。

図：ドーナッツチャート（完成形）

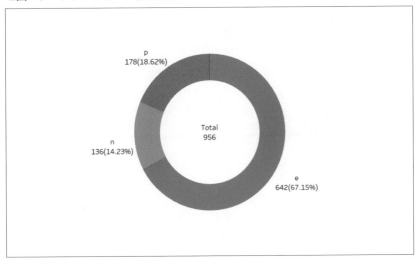

中央のスペースに、色分けされた各要素の合計値を追加した形です。このようにすることで、全体像の把握が容易になりそうですね。それでは、さっそく作っていきましょう。

ドーナッツチャートを作成するための大まかな手順としては以下の通りです。

①円グラフを作る
②2つ目の円グラフを用意する
③片方の円グラフの色を白くし、サイズを小さくする

④２つの円グラフを重ねる
⑤ラベル表示など細かな調整を行う

　まずは、普通の円グラフを作りましょう。ここからは、「word_list.csv」を使っていきます。列に「ネガポジ」、行に「出現回数」を入れ、表示形式で「円グラフ」を選択してください。

■図：円グラフの作成

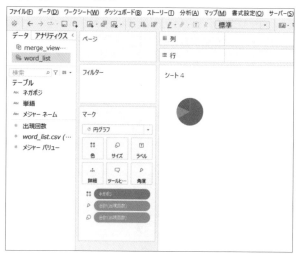

　これで、通常の円グラフができました。次に円グラフをもう１つ用意し、２つの円グラフを重ねます。行シェルフをダブルクリックすると入力可能な状態になるので、数字の０を入力してください。すると、０の軸上に円グラフが乗る形になります。これを利用して、もう１つ円グラフを用意します。
　先ほど行に作った「合計（０）」を複製しましょう。こうすることで、２つ目の円グラフができました。

▀ 図：円グラフの複製

　次は、一方の円グラフの色とサイズを変更します。片方の円グラフの「マーク」カード内ある全ての要素を取り除きましょう。すると、灰色の円ができるので、まずは「サイズ」を調整し円を小さくします。次に「色」を白に変更しましょう。

▀ 図：円グラフの設定

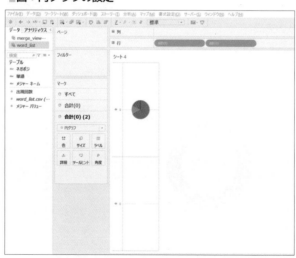

あとは、2つの円グラフを重ねて、ドーナッツチャートの出来上がりです。行シェルフにある2つのフィールドを二重軸にしましょう。

◼️図：二重軸の設定

白抜きにした円のラベルに「出現回数」を追加することで、ドーナッツチャートの中央に出現回数の合計値が表示されます。その他、適宜ラベルや色などの調整をして完成です。

◼️図：ドーナッツチャートの完成

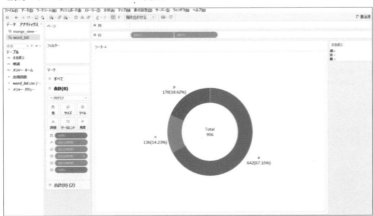

　少し手順が多いですが、慣れてしまえば簡単に作れるようになるので、余裕があるときは普通の円グラフではなく、ドーナッツチャートを作ることを意識してみてください。

ノック
85 # ワードクラウドでテキストデータを可視化してみよう

　ここからの3本では、普段あまり使わないチャートをあえて使ってみて、特徴を見ていきます。まずは、「**ワードクラウド**」です。SNS分析の類で、このようなグラフを見たことがありませんか？

■図：ワードクラウド

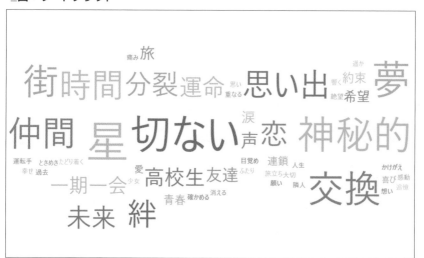

　これが、「ワードクラウド」といわれるグラフです。テキストデータなどの解析で、単語の出現回数を集計し、回数に応じて表示する単語の大きさを変化させる可視化の手法です。なんとなく傾向を掴みたいときや、見る人にインパクトを与えたいときに有効な手法です。

　データさえあれば、ワードクラウドを作ること自体は簡単なので、まずは作ってみましょう。

　「単語」を「マーク」カード内の「テキスト」と「色」に入れ、「出現回数」を「サイズ」に入れます。

　この時、表示形式がテキストから別の形式に切り替わってしまうことがあるので、その場合は形式を「テキスト」に戻しましょう。

■ 図：ワードクラウドの作成

　これでワードクラウドの完成です。とても簡単ですね。ワードクラウドは元データの準備に手間がかかるのと、可視化から分かることが定性的な印象に留まることが多いので、実際のデータ分析の現場で使われることはそれほど多くありません。

　元データの準備という点に関しては、文章などの自然言語を単語に分割するなど、ある程度の加工技術と手間を要します。興味がある方は「自然言語処理」で調べてみてください。

ノック 86 ツリーマップでデータの構造を整理してみよう

続いて、ツリーマップを見てみましょう。**ツリーマップ**はデータの構造を整理したり、全体像を把握するのに便利なグラフです。

さっそく作ってみます。行に「単語」、列に「出現回数」を入れ、表示形式は「ツリーマップ」を指定してください。最後に、色に「ネガポジ」を入れて完了です。

■図：ツリーマップの作成

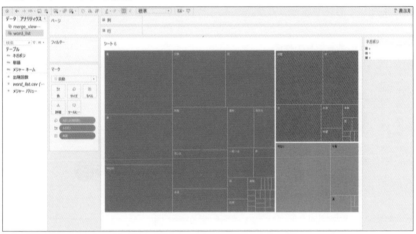

単語ごとに出現回数の値に応じた面積の四角形が表現され、それらがネガポジごとに色分けされています。データの構造や全体像が分かりやすく可視化されていますね。今回の「ネガポジ」と「単語」のように、特に2つの切り口でデータを可視化し、概観や構造を見たい時には、ツリーマップはぜひ取り入れたい手法です。

ノック 87 バブルチャートを使ってみよう

　さあ、どんどん行きます。次は、バブルチャートを見てみましょう。**バブルチャート**もワードクラウドやツリーマップ同様、値の大小を円（バブル）大きさで表現したものです。

　では、バブルチャートを作っていきます。行に「単語」、列に「出現回数」を入れ、表示形式で「パックバブル」を選択しましょう。最後に色に「ネガポジ」を入れることで、ネガポジごとの構造が分かりやすくなります。ネガポジは色だけでなく、列に追加しても見やすそうです。

図：バブルチャートの作成

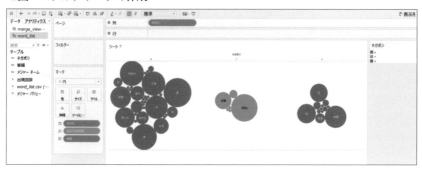

　バブルチャートはワードクラウドやツリーマップのように、データの概観を把握したり、見る人に印象付けやすい可視化の形式です。

　また、散布図に取り入れることで、3つの指標の関係性を表現することもできます。

　本書ではまだまだ扱いきれていないチャートはたくさんありますが、「表示形式」から選択できるような基本的な可視化の手法は一通り試してみて、各グラフの特徴は押さえておくと良いでしょう。色々なグラフを体験して、「どんな時にどんな形式で可視化するか」適切に選択できるようにしましょう！

ノック 88 タイムラインチャートでスケジュールを可視化してみよう

　ここからの3本は、「Tableau ってこんなことにも使えるんだ！」というような Tableau の使い方をいくつか紹介していきます。

　まずは、「**タイムラインチャート**」という、ざっくりとしたスケジュールを可視化するための手法を扱います。

　ここからは別のデータを使います。ツールバーの「データ」→「新しいデータソース」より、「プロジェクトスケジュール.csv」の読み込みを行いましょう。

　プロジェクトスケジュール.csvは、一連のシステム開発を想定したスケジュールのデータです。このデータを使って、データ分析だけにとどまらない Tableau の使い方を実践してみましょう。

　本ノックでは、次図のような可視化を行います。

図：タイムラインチャート（完成形）

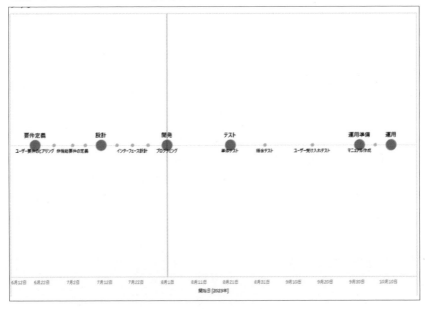

　ここから先はひとつひとつ手順を読み進めながら作っていっても良いですし、既に作り方のイメージが湧いている方は、自力で試行錯誤しながら作っていくのも良いでしょう。

　それでは、作っていきます。まずは、タスクごとのタイムラインチャートを作成します。

　マークカードで表示形式を「円」に設定し、列に「開始日」の正確な日付を、ラベルに「タスク」を入れます。また、全体を見やすくするために、ドーナッツチャートの時もやったように行に0を入れましょう。これで、タスクを日付の一直線上に配置したタイムラインチャートができました。

■図：タイムラインチャート（タスク）

　次に、このタイムラインチャートに「フェーズ」の要素も取り入れていきます。データの構造上、開始日はタスク単位で設定されている項目であるため、フェーズの開始日を意味するデータを新たに作ってあげる必要があります。

　つまり、フェーズ単位で最小の開始日を取ってあげれば良さそうです。このような時に使うのが「FIXED関数」でしたね。では、FIXED関数を使い、フェーズごとの最小の開始日を算出しましょう。

```
{ FIXED [フェーズ]:MIN([開始日])}
```

■図：フェーズ開始日の作成

これで、フェーズ開始日のデータができました。これを使ってフェーズのタイムラインチャートを作ります。手順は先ほどと同じです。列に「フェーズ開始日」の正確な日付を追加し、ラベルに「フェーズ」を入れましょう。

■図：タイムラインチャート（フェーズ）

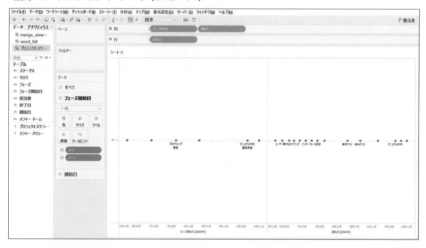

フェーズ開始日のタイムラインチャートが新たにできました。これから2つのタイムラインチャートを重ねたのちに、テキストの位置など細かな調整を行っていきます。

フェーズ開始日と開始日を二重軸に設定しましょう。二重軸の設定をした後は、「軸の同期」も念のため行うようにしましょう。

■図：タイムラインチャートの作成

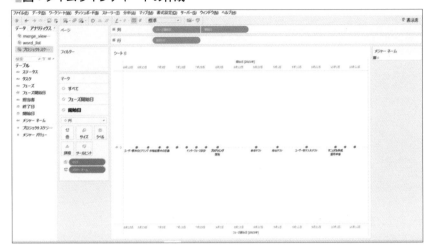

　これでタイムラインチャートができました。フェーズとタスクのラベルが重なっていて見づらい場合は、マークカードの「ラベル」から、ラベルの配置を調整しましょう。今回はフェーズのラベルが上部に来るように設定します。また、フェーズとタスクの区別がつきやすいように、円の大きさや色なども変えてあげると良さそうですね。あとは、必要に応じて色を変えたり、不要なヘッダーを非表示にするなど、細かな調整を行いましょう。

■図：タイムラインチャートの調整

　最後に、このタイムラインチャートに現在地点を表現するために、リファレンスラインを追加しましょう。便宜上、本日を2023年8月1日として、本日を表すデータを計算で作成しましょう。

```
DATE("2023-08-01")
```

🔖 図：本日フィールドの作成

　次に、「本日」の値をリファレンスライン使用できるようにするために、パラメータの設定を行います。「本日」を右クリックし、「作成」→「パラメーターの作成」の順で選択していくと、パラメータの作成画面が表示されるので、そのまま「OK」を押下します。

図：パラメータの作成

　これで、パラメータの作成ができました。あとはこのパラメータを使い、リファレンスラインを作成して完了です。以下の手順でリファレンスラインを追加しましょう。

　「開始日」または「フェーズ開始日」のヘッダーを右クリック → 「リファレンスラインの追加」 → 値に「本日 のパラメーター」を、ラベルに「なし」を指定し、「OK」を押下。

図：リファレンスラインの追加

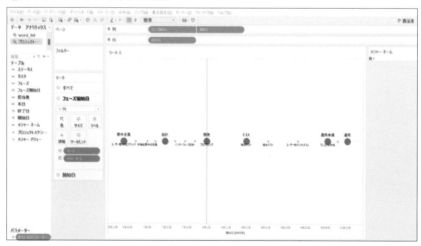

　これで、当初のアウトプットイメージ通りのタイムラインチャートが完成しました。
　このように、BIツールに備わっている可視化の機能を使えば、データ分析以外
でも様々な場面で活用できそうですね。

ノック 89 ガントチャートでプロジェクトを 管理してみよう

　次は、先ほどと同じデータを使って、「ガントチャート」を作ってみます。こち
らも初めにアウトプットイメージを共有します。

■図：ガントチャート（完成形）

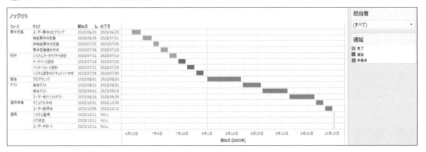

　先ほどのタイムラインチャートよりも複雑な作りですが、できそうな人は自力
でチャレンジしてみてください。
　それでは作っていきます。まずは「フェーズ」「タスク」と「開始日」「終了日」の正
確な日付を不連続の形式で行に追加します。このとき、次図のようにフェーズの
並び順が意図した通りにならない場合は、既定のプロパティの変更を行います。

■図：フェーズの表示順

フェーズ	タスク	開始日	終了日	
テスト	ユーザー受け入れテスト	2023/09/16	2023/09/30	Abc
	結合テスト	2023/09/01	2023/09/15	Abc
	単体テスト	2023/08/21	2023/08/31	Abc
運用	システム監視	2023/10/11	NULL	Abc
	バグ修正	2023/10/11	NULL	Abc
	ユーザーサポート	2023/10/11	NULL	Abc
運用準備	マニュアル作成	2023/10/11	2023/10/05	Abc
	ユーザー説明会	2023/10/06	2023/10/10	Abc
開発	プログラミング	2023/08/01	2023/08/20	Abc
設計	インターフェース設計	2023/07/21	2023/07/25	Abc
	システムアーキテクチャ設計	2023/07/11	2023/07/15	Abc
	システム設計のドキュメント作成	2023/07/26	2023/07/30	Abc
	データベース設計	2023/07/16	2023/07/20	Abc
要件定義	ユーザー要件のヒアリング	2023/06/20	2023/06/25	Abc
	機能要件の定義	2023/06/26	2023/07/01	Abc
	非機能要件の定義	2023/07/02	2023/07/05	Abc
	要件定義書の作成	2023/07/06	2023/07/10	Abc

シート9

　並び順の変更は、「フェーズ」を右クリック → 「既定のプロパティ」→ 「並べ替え」より、手動で変更しましょう。

■図：並べ替え

　さて、ガントチャートの作成に戻ります。「開始日」の正確な日付を列に入れましょう。

　次に期間の長さに応じてガントの大きさを調整したいです。現時点で「期間」を表す項目は無いので、計算で新たに作っていきます。DATEDIFF関数を使って、開始日と終了日の差の日数を算出しましょう。

```
DATEDIFF("day", [開始日], [終了日])
```

図：期間の計算

　これで、期間のデータができました。期間を「サイズ」に追加すれば、期間に応じた長さのガントが出来上がります。

図：ガントの作成

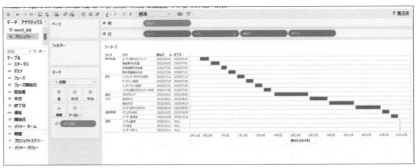

　続いて、スケジュールが遅延しているかどうかを表現するためのフィールドも作りましょう。既存のフィールドで「ステータス」はありますが、値は「完了」「進行

中」「未着手」のいずれかで、遅延しているかどうかまでは分からないようです。このステータスと各種日付の情報を使い、遅延フラグを作っていきます。

　終了日が過ぎているのに完了していない、もしくは、開始日を過ぎているのに未着手である場合は遅延状態と言えそうです。計算フィールドを使い、このロジックを下記のIF文で組んでいきます。

```
IF [終了日]<[本日] AND [ステータス] != "完了" THEN "遅延"
ELSEIF [開始日]<[本日] AND [ステータス] = "未着手" THEN "遅延"
ELSE [ステータス] END
```

■図：遅延フラグの作成

これで遅延フラグができました。この遅延フラグを「色」に追加し、結果を見てみましょう。また、現在がどの時点なのかを表すために、リファレンスラインも追加します。

■図：遅延フラグの反映

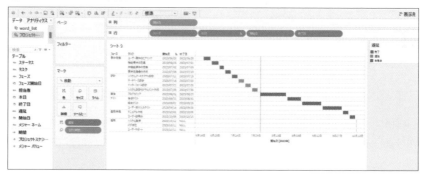

うまく色分けされていますね。

最後に、色の変更など細かな調整を行って完了です。

🔲 図：ガントチャートの仕上げ

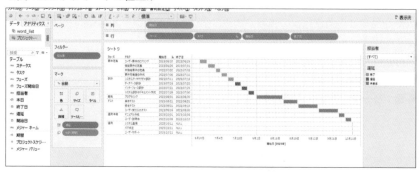

　ガントチャートを作るのは一見難しそうですが、これまでやってきたことの応用なので、実際に作ってみると意外と簡単だったのではないでしょうか？

　最後は本章で最も複雑な手順を要するレーダーチャートを作ってみます。はっきり言って今までの可視化とは比較にならないほど難しいので、頑張って食らいついてくださいね！

ノック 90 レーダーチャートを作ってみよう

　レーダーチャートとは、複数の項目のスコアを多角形上で表現したグラフです。人や商品などの調査対象の強みや弱み、全体のバランスなどの傾向を掴むためによく使用されます。

　今回は以下のようなレーダーチャートを作っていきます。

■図：レーダーチャート（完成形）

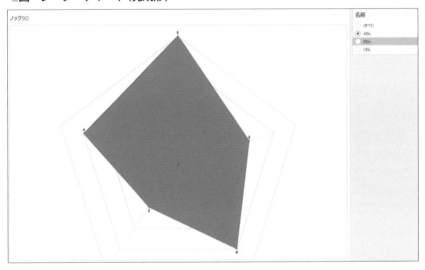

　一見作るのが簡単そうに見えますが、実は複雑な手順と計算を要する作成難易度の高いグラフです。レーダーチャートの作成は以下の手順で行います。

①データの準備
②グラフ上での座標を計算するためのフィールドを作成
③グラフの作成

　まずはデータの準備です。「新しいデータソース」より、「評価.xlsx」をTableauに読み込んでください。これまでのようなCSV形式でなく、Excel形式であることに注意しましょう。

■図：評価データの読み込み

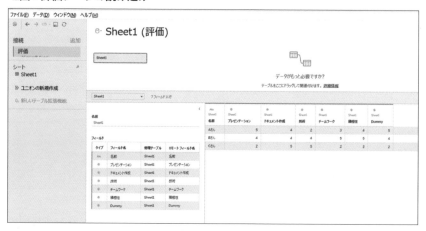

　データを読み込んだら、内容を確認しましょう。

　1列目が評価対象者の名前、2列目以降が評価項目を表す列で、最大で5の数値が入っていることが分かります。最後に「Dummy」という列がありますね。これは実際の評価項目ではなく、レーダーチャートをつくるために追加しておいたダミーの評価項目で、最初の評価項目である「プレゼンテーション」と同じ値が入っています。

　なぜダミーの項目を設けているかというと、レーダーチャートでは、各項目の座標をを順番に線で結んでいくことで五角形などの図形を生成しているためです。線で結ぶ最後の座標をDummyの値に基づく座標、つまり、プレゼンテーションと同じ座標にすることで、五角形がしっかりできているように見せているということです。

　データの確認が済んだら、次はデータを縦持ちに変換します。

　2列目以降を全選択し、右クリックのメニューから「ピボット」を選択しましょう。

　すると、1列目が名前、2列目が評価項目、3列目が評価値の縦持ちのデータに再構成されました。レーダーチャートではこの縦持ちのデータを使用します。

■図：データのピボット

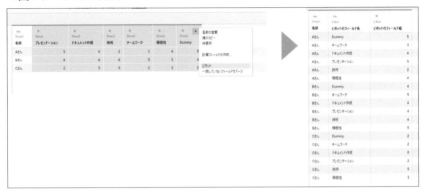

　データを縦持ちに変換できたら、シートを作成して、ピボットにより評価項目の並び順が変わっていないか確認しましょう。

　「ピボットのフィールド名」を右クリック →「既定のプロパティ」→「並べ替え」→「手動」 より、並び順を確認しましょう。

　少なくとも最初はプレゼンテーションに、最後はDummyにする必要があるので、そうなっていない場合は変更しておきましょう。

■図：評価項目の並べ替え

　これで、データの事前準備は完了です。それでは、レーダーチャートの作成に取り掛かりましょう。

　五角形を構成する座標を計算するためのフィールドを作成していきます。次の

4つの計算フィールドを作成してください。

・index

```
INDEX()
```

■ 図：indexの作成

index	⑯Sheet1 (評価)	×

表 (横) に沿って結果が計算されます。
INDEX ()

・評価項目数

```
{FIXED:COUNTD([ピボットのフィールド名])}-1
```

■ 図：評価項目数の作成

評価項目数	⑯Sheet1 (評価)	×

{FIXED:COUNTD([ピボットのフィールド名])}-1

・角度

```
PI()/2 - 2*PI()/AVG([評価項目数])*([index]-1)
```

■ 図：角度の作成

角度	⑯Sheet1 (評価)	×

PI()/2 - 2*PI()/AVG([評価項目数])*([index]-1)

・X座標

```
SUM([ピボットのフィールド値])*COS([角度])
```

■ 図：X座標の作成

X	⑯Sheet1 (評価)	×

SUM([ピボットのフィールド値])*COS([角度])

・Y座標

SUM([ピボットのフィールド値])*SIN([角度])

■図：Y座標の作成

| Y | ↺ Sheet1 (評価) | × |

SUM([ピボットのフィールド値])*SIN([角度])

　数学的な詳細な説明はここでは省きますが、項目数に基づき項目間の角度を決定したうえで、評価の値(1～5)も考慮しながら円周上にマッピングされるような座標X,Yを算出しています。

　これにより、レーダーチャートの五角形の頂点となる座標を算出できるようになりました。

　それでは、実際にレーダーチャートを作っていきましょう。

　マークカードからグラフの形式を「多角形」に設定し、パスに「ピボットのフィールド名」を入れてください。次に、列に「X」、行に「Y」を追加し、X,Yそれぞれに対し、以下の設定を行います。

・フィールドを右クリックし「表計算の編集」を選択 →「次を使用して計算：」で「特定のディメンション」を選択 →「ピボットのフィールド名」にチェック

　すると、レーダーチャートの五角形が生成されるようになります。「名前」のフィルターを追加して、それぞれでしっかりと五角形ができているか確認しましょう。

■図：五角形の確認

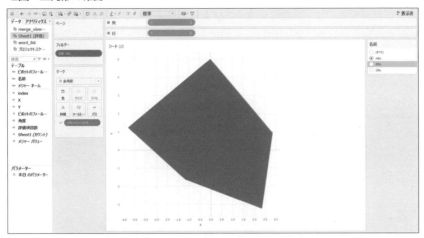

　ちゃんと五角形になっていますね。確認ができたところで、次にレーダーチャートの背景を設定していきます。

　画面上部の「マップ」→「背景イメージ」→「Sheet1（評価）」を選択してください。すると、背景イメージ設定用のウィンドウが表示されるので、「イメージの追加」をクリックします。

　背景イメージに「レーダーチャート_背景.png」を設定し、X,Yの左右の値が以下キャプチャの通りとなるよう画像サイズを設定してください。

■図：背景イメージの設定

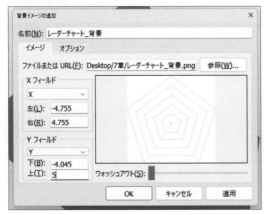

　これで、レーダーチャートの背景の設定ができました。形になってきましたね。
背景が見やすいよう、五角形を透過させましょう。マークカードの色より、不透
明度を設定することができます。

■図：透過設定

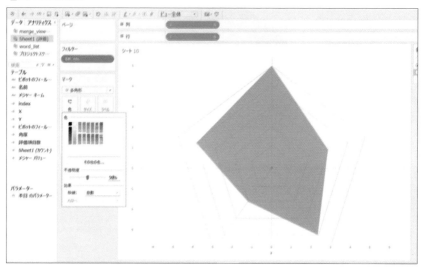

　最後に、色などの細かな調整を行って完了です。五角形のそれぞれの角にラベ
ルを表示させたい場合は、X,Yそれぞれを複製し、二重軸にしたうえで、マークカー
ドから片方の形式を「線」に変更しましょう。そうすることで、ラベルに値を追加
することができます。必要に応じて、ラベルの配置の調整なども行いましょう。

■図：レーダーチャートの仕上げ

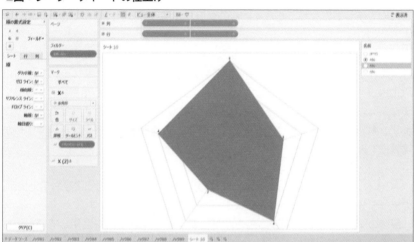

　これでレーダーチャートは完成です。お疲れさまでした！一見簡単そうに見える可視化ですが、データの準備からグラフの作成まで、とても手間がかかりましたね。

　このレーダーチャートを実際の仕事などで使う機会は少ないかもしれませんが、ここでの試行錯誤が皆さんのTableauのスキルアップに繋がっていれば何よりです。

　以上で本章の10本ノックは終了です。お疲れ様でした。この10本を通じて、これまで使ってこなかったたくさんのグラフを作ってみる経験ができたと思います。

　しかし、本章で扱った内容はほんの一部です。可視化にはまだまだたくさんのバリエーションがあり、Tableauのポテンシャルは計り知れません。Tableau Publicの公式サイトには、Tableau Publicユーザーが公開した無数のグラフやダッシュボードがあり、非常に手の込んだ鮮やかな作品の数々を見ることができます。興味がある方はぜひ調べてみて、皆さん自身がその可視化を再現できるか挑戦してみてください。

　100本ノックもいよいよ90本まで終わりました。始めた当初よりもTableauやデータ分析に対する理解は格段に上がっていることと思います。

　最後の10本では、これから皆さんが仕事などでTableauを活用していくにあたって考慮すべき点や、快適にTableauを運用するためのヒントについても触れています。

　ラスト10本！頑張りましょう！

第**8**章

Tableauの応用と運用に向けて準備する10本ノック

　ここまでのノックで、皆さんの知識と技術も大幅にアップしているのではないでしょうか。実践的な活用を意識してノックを組んできましたので、もう十分使っていけるレベルに近づいていると思います。最後の10本では実践的なツール活用を意識して、日々の運用で使ってもらう場合に考慮すること、パフォーマンスの意識、Tableauの機能を応用してできることを見ていきましょう。

　単なる分析ツールの位置づけでは留まらないTableauの魅力を、少し違う角度から見ていきましょう！

<h2 style="text-align:center">あなたの置かれている状況</h2>

> 　Tableauを使えるようになったあなたは、自分では知識も技術もまだまだだという意識でいるのですが、周囲のメンバーからは「Tableauをマスターしている人」という目で見られるようになってきました。あの人に任せれば大丈夫でしょ、という無言の圧力と期待を一身に受けながらも、もっとTableauを使って業務を変えていきたいと考えています。社内のTableauユーザーをもっともっと増やすために、まずは自分が色々な使い方を身に付けて、皆に教えてあげたいと思っています。

前提条件

　本章の10本ノックでは次表に掲載したデータを扱っていきます。

　パフォーマンスと運用を考えるノックではピザチェーンの注文データを使用します。このデータは毎月1回提供される時系列データで、店舗マスタと紐づきます。店舗マスタは地域マスタを紐づくようになっています。

　機能を応用するノックでは、独自に作成したハイパーリンク設定一覧とTableauからのアクションで開くExcelファイル、同じくTableauからのアクションで開くTableauパッケージドワークブックを使用します。事前準備として、No.6～8が格納された「work」フォルダをCドライブ直下に保存する必要があります（Windowsの利用を想定しています）。動作環境にExcelがインストールされていない場合は、Excelを開く部分をスキップしてください。

　本章にはTableau PublicではなくTableau Desktopを意識したノックも存在します。Tableau Publicで実行できないものは参考としてご覧ください。

■■データ一覧

No.	ファイル名	概要
1	tbl_order_201904.csv	注文データ4月分
2	tbl_order_201905.csv	注文データ5月分
3	tbl_order_201906.csv	注文データ6月分 ※後から追加します
4	m_area.csv	地域マスタ
5	m_store.csv	店舗マスタ
6	ハイパーリンク設定一覧.xlsx	ハイパーリンクを設定したファイル
7	tableauで起動するEXCELファイル.xlsx	起動テスト用のExcelファイル
8	tableauで起動するダッシュボード.twbx	起動テスト用のTableauパッケージドワークブック

ノック

91

運用で意識するポイントを知ろう

　ここから3本のノックでは、Tableauを日々の運用で使っていく場合に考慮すべきポイントを見ていきます。運用といってもピンとこないかもしれませんが、日々の業務にTableauで作ったダッシュボードを取り入れて、業務判断に役立てるということです。

　日々の業務で使うということは、新しいデータがどんどん追加されていくということになります。そのことがあらかじめわかっていれば、使い始めてから慌てることがなくなります。

　運用を考える際に意識するのは、主に以下となります。

1. 利用するデータの種類はいくつで、いつどこからどうやって連携されてくるか
2. データ加工は必要か、必要な場合はいつ、何を使って、どのように加工するか
3. Tableauで読み込む前のデータをどこに配置するか
4. Tableauを使う頻度はどの程度か、併せてデータ更新頻度はどのくらいか

　それでは個別に見ていきましょう。

1. 利用するデータの種類はいくつで、いつどこからどうやって連携されてくるか

　既にグラフやダッシュボードを作っている状況なので、データの種類はわかっているでしょう。ではそのデータはどこから提供されましたか？Tableauで可視化する際に「ここにあるのを使って」という程度の話しかできていないのではないですか？

　ここまではよくある話なので、実際に業務利用する時点では追加するデータがあることを前提に考えていきましょう。データ取得を誰かに頼んだのであれば、どうやって取得したのか聞いて繰り返せるようにしておきましょう。

2. データ加工は必要か、必要な場合はいつ、何を使って、どのように加工するか

　これも利用するデータを誰かから渡された場合に注意が必要です。何かのシステムからダウンロードしたものでも、その後で加工している場合もあります。前と同じ状態で取得できるのか、そうでない場合はどうやって加工するのかを整理しておきましょう。

3. Tableauで読み込む前のデータをどこに配置するか

　最初に可視化する時点では、1つのフォルダにファイルがまとめて置いてあるケースが多いと思います。これをそのまま使い続けると、データがどんどん増えてわかりづらくなるだけでなく、人為的なミスの要因となります。フォルダ構成の例を見てみましょう。

■図：フォルダ構成

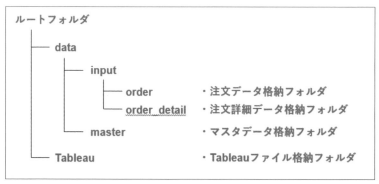

　dataフォルダの下にinputフォルダ、さらにその下にデータ種類ごとのフォルダを用意しています。データ種類ごとにフォルダを作っておくと、データをワイルド

カードでユニオンする際にミスが起きにくくなります（次のノックで実施します）。

　参照するだけのマスタデータはmasterフォルダに配置します。inputと分けることで、それがマスタであることが伝わりやすくなります。

　TableauフォルダにTableauファイルを格納します（Tableau Desktopの場合）。

　これはあくまで一例ですので、皆さんの環境に合わせてフォルダ構成を考えてみてください。

4. Tableauを使う頻度はどの程度か、併せてデータ更新頻度はどのくらいか

　毎日使う場合は毎日のデータが必要ですし、月1回であればその前にデータが連携されなければなりません。そのようなスケジュール感も押さえておきましょう。

　実際にはデータ削除の考慮も必要ではありますが、そこまで行くのは大分先になるでしょう。フォルダ構成がしっかりしていれば慌てずに対応できますので、安心してください。

ノック 92 データ更新を意識して結合しよう

　ここで押さえるポイントは、データが追加されてもTableauをメンテナンスする必要がないようにしておくということです。ここが欠けているとデータの追加がある度に作成者が呼ばれてしまいますので、そうはならないようにしたいですね。

　実はノック22でも使っていた、ワイルドカードのユニオンがポイントです。ノック22はデータが多いことを理由に使っていましたが、データの追加が継続的に行われる場合でも有効ですので、あらためて流れを見ていきましょう。

　Tableau Publicを新しく開きます。既に開いている場合は、メニューのファイルから「新規」を選択します。テキストファイル接続で、input\orderフォルダの「tbl_order_201904.csv」を開きます。

■図：テキストファイルを開く

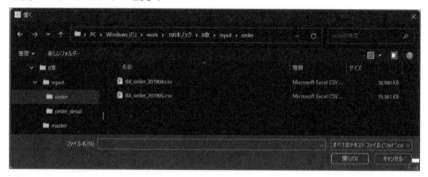

　ファイルが読み込まれると、画面中央付近に「10フィールド 233393行」と記載されています。

■図：接続後の件数

　「tbl_order_201904.csv」を右クリックし、メニューから「ユニオンに変換」を選択します。

■ 図：ユニオンに変換

ユニオン設定画面で「ワイルドカード（自動）」を選択します。

■ 図：ユニオン設定画面

ファイルに「tbl_order_*.csv」と設定し、OKをクリックします。今回はinput
フォルダの下にorderフォルダを作り、他の種類のファイルが混在しないように
しているため「*.csv」でも大丈夫ですが、念のため可変部分のみ*にしておきます。
「*.csv」とした場合、同じフォルダに意味合いの異なるCSVファイルが存在す

ると読み込んでしまうため、注意が必要です。

■図：ワイルドカード設定

接続がワイルドカードとなり、読み込んだデータが結合（ワイルドカードユニオン）されました。データが11フィールド474434行に増えていますね。右下のエリアを右端までスクロールすると、「パス」という列が追加されています。これはワイルドカードで結合した場合に追加される項目です。

■図：結合後の画面

このtbl_orderに、m_storeとm_areaをリレーションします。画面左上の「追加」から、テキストファイルを選択します。

図：テキストファイルの追加

masterフォルダの「m_store.csv」を開きます。

図：マスタファイルの指定

接続に追加されたら、2つのマスタをリレーションします。画面左の「m_store.csv」を「tbl_order_201904.csv」の右にドラッグ＆ドロップします。同様に「m_area.csv」を「m_store.csv」の右にドラッグ＆ドロップします。

■図：マスタのリレーション

　データの準備ができたのでグラフを作成しますが、今回は意識すべきポイント
がイメージできればよいので最低限の可視化に留めます。シート1を選択して、
以下の順番で操作してください。

・「Store Name」を行に追加
・「Narrow Area」を右クリックして「フィルターを表示」をチェックし、「茨城」を
　選択
・「Order Accept Date」を右クリックで列にドラッグ＆ドロップし、ディメン
　ションの「月/日/年」を選択
・「Total Amount」を行に追加

■図：作成したグラフ

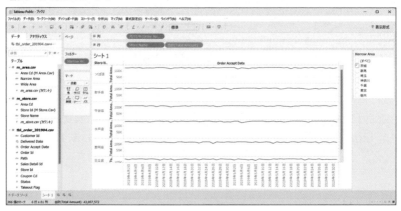

それではここに、データを追加します。8章の「追加データ」フォルダにある「tbl_order_201906.csv」を「input\order」フォルダに移動またはコピーします。

■図：追加データの配置

メニューの「データ」から対象データソースを選び、「更新」をクリックします。この操作はF5キーの押下でも動作します。

■図：データソースの更新

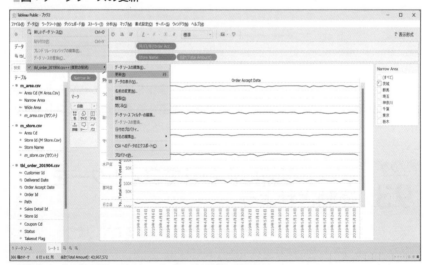

メッセージが表示された場合は「はい」を選択します。

図：メッセージ表示

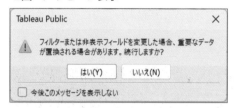

2019年6月分が追加されました。

図：データ更新後

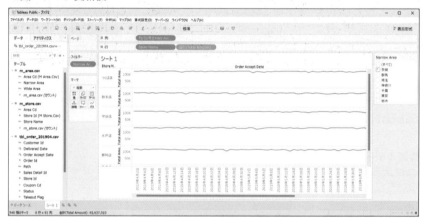

　ワイルドカードユニオンをしておくと、特別な操作をしなくてもデータが結合されることがわかりました。ファイルが適切に配置されることがポイントですので、データ連携部分はしっかり整理しておきましょう。

ノック 93　データ更新に合わせてフィルターを連動させよう

　データが増えていくと、フィルターの選択肢も増えてきます。増やしっぱなしにならないような工夫の仕方を見てみましょう。
　まずはノック92の列にある「月/日/年」を右クリックしてフィルターを表示してみます。

■ 図：年月日フィルター

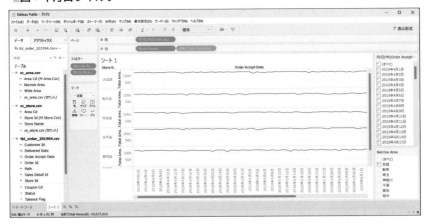

　データが増え続ける中で全量表示しても使いづらいので、一旦削除します。続いて、「Order Accept Date」を右クリックでフィルターにドラッグ＆ドロップしてディメンションの「年/月」を選択し、任意の年月を選択します。さらにフィルターを表示します。

■ 図：年月フィルター

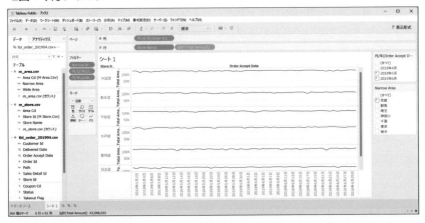

　選択肢が減ってすっきりしました。行や列で使っているからといって必ずしも同じ粒度でフィルターを用意する必要はありません。
　年月フィルターを一旦削除したら、次は「Order Accept Date」を右クリック

でフィルターにドラッグ＆ドロップしてメジャーの「日付の範囲」を選択し、OK
をクリックします。さらにフィルターを表示します。

図：相対日付フィルター

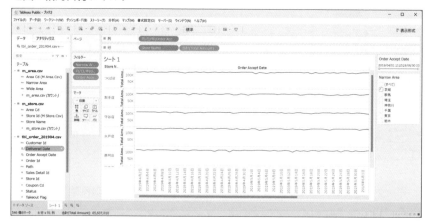

　メジャーを使うとスライダーで操作できるので場所をとりません。どれがよい
かは状況によりますので、使う側の意見も聞きながら設定しましょう。

　最後は継続性とは関係ありませんが、フィルターを2段階で使っていると、最
初のフィルターで除外されたものは次のフィルターでも除外したくなります。そ
のような場合はフィルター設定を「関連値のみ」に変えておくとよいです（次図左）。

　左がデフォルト状態、右が関連値のみでの表示です。茨城以外の店舗が除外さ
れていますね（次図右）。

■図：フィルターメニュー

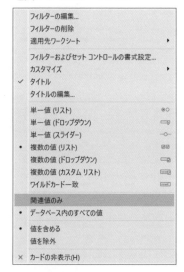

■図：フィルターの関連値表示

94 抽出接続して速度を改善しよう

　ここから3本のノックでは、処理が遅いと感じた場合に工夫するポイントを、簡単なものに絞って見ていきます。処理が遅い理由は、単純にデータ量が多い場合やTableauで複雑な計算式を増やしまくっているなど様々です。

　Tableauで計算式を増やさないためには、Tableauで接続する前にデータ加工しておく必要があります。Pythonなどのプログラミングで加工したり、Tableau Prepで先に項目を作っておいたりするとよいですが、本書での解説は省略します。

　今回はデータ量が多い場合に、ちょっと意識しておくとよいところを見ていきましょう。まずは「抽出接続」を見ていきます。

　※Tableau Desktopの利用を想定しています。Tableau Desktopを利用していない
　　方は参考としてご覧ください。

　まずはTableau Desktopを起動し、ノック92と同様にデータを接続します。画面右上の接続に「ライブ」と「抽出」があります。

※Tableau Publicにはありません。

図：Tableau Desktopの画面

デフォルトは「ライブ」ですが、これを「抽出」に変更します。

・ ライブ：リアルタイムにデータ接続します。常に最新のデータを見ることができる一方、抽出に比べて処理時間は長くなります。

・ 抽出：抽出した時点のデータをTableau用に最適化した.hyper形式で保持します。処理速度が速くなりますが、データを最新化する場合は抽出の更新が必要です。

■図：抽出を選択

　シート1をクリックすると.hyper形式での保存を求められますので、任意の
ファイル名で保存します。

■図：.hyperの保存

　.hyper形式で保持したことで、フィルターを適用した際の処理速度が速くなり
ます。注意点は「抽出した時点でのデータ」である点です。データが更新された場
合はデータソースにて抽出を更新するよう意識しましょう。

ノック 95　フィルターの順番を知ろう

　Tableauには様々なフィルターが用意されています。普段使っているディメンションやメジャーのフィルターもそうですし、ノック94の抽出接続もフィルターの一つです。実はこれ以外にもフィルターが用意されていますので見てみましょう。

　まずはデータソースフィルターです。これはデータ接続後、ワークシートに移る前にフィルターをする機能です。ファイル全体を通して使わないと判断できるものはここでフィルターすると効果的です。

※Tableau Publicで利用できます。

　では、操作の流れを見ていきましょう。まずはデータソースシート右上の「追加」をクリックし、データソースフィルターの編集画面が表示されたら追加ボタンをクリックしましょう。

※この時点でのデータ件数は707729件です。

■図：データソースフィルターの追加

　フィルターの追加画面でNarrow Areaを選択し、OKをクリックします。

■図：フィルターの追加

対象を選択肢、OKをクリックします。

■図：フィルター対象の選択

データソースフィルターが追加されたことを確認してOKをクリックします。

■図：データソースフィルターの編集

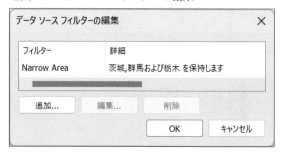

データシート画面に戻ると、データ件数が60596行まで絞り込まれました。

■図：データソースフィルター設定後

シート1に戻ると、画面右のNarrow Areaが選択した3県に絞り込まれています。

■ 図：絞り込み後のシート

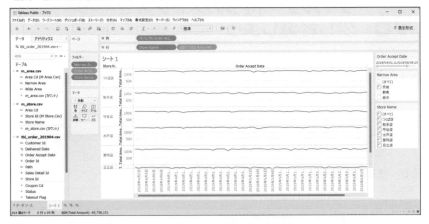

　ではこのタイミングで、フィルターの順番を考えてみましょう。

■ 表：フィルターの順番

順番	フィルターの種類	フィルターのタイミング
1	抽出接続	データ接続後
2	データソースフィルター	データ接続後
3	コンテキストフィルター	ワークシート作成後、最初のタイミング
4	ディメンションフィルター	選択時
5	メジャーフィルター	選択時

　細かく見れば計算式などもありますが、この対象からは除外します。抽出接続とデータソースフィルターは最初の段階でフィルターするので、ここで落とされたデータをワークシートで使うことはできません。

　次にコンテキストフィルターですが、これを設定するとワークシート上から対象を除外します。非表示ということではなく除外扱いですので、データの母数が減りパフォーマンスが向上します。実はノック41で一度使っていますので、手順はそちらを参照してください。このときはパフォーマンスが理由ではなく、FIXED関数で作った項目の結果を正しく表示するために設定しています。

　データ量が増えてくるとこのような対策が効いてきますので、覚えておくとよいでしょう。

フィルター待ちのストレスを
少し軽減しよう

　重たいデータを処理していると、フィルターを変えるたびに計算待ちが発生します。このような場合は自動更新を一時停止しておくことで、操作中のフィルター適用や再計算を止めることができます。

　メニューのワークシートから「自動更新」を選び、2つのチェックを外します。

■図：自動更新の解除

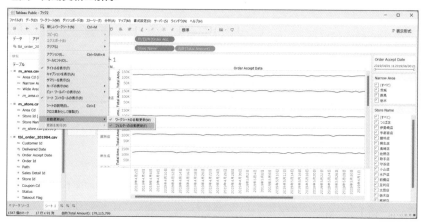

　フィルターを操作しても画面が停止したままで、再計算が行われません。

■ 図：自動更新停止中

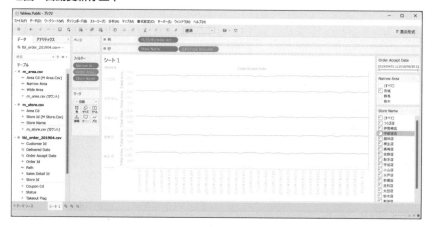

　再開する場合はメニューのワークシートから「更新実行」を選び、それぞれ選択します。

■ 図：更新実行

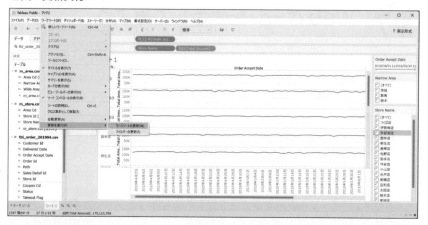

　この操作はTableau Publicでは逆にストレスを感じるかもしれませんので、データが重くなってから利用するようにしましょう。なお、Tableau Desktopでは画面上のアイコンをクリックするだけなので使い勝手が向上しています。

■図：Tableau Desktopの場合

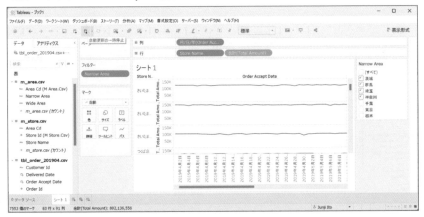

　同じアイコンをクリックするとフィルター適用と再計算が行われます。ボタン1つでできるというのが便利ですね。

ノック 97 Webページを表示してみよう

　ここからは機能を応用して可能性を広げる4本として、ハイパーリンクの仕組みを構築していきます。Tableauで用意されているURLアクションという機能を使って、分析ツールの枠を超え検索・管理ツールとして拡張する可能性を探っていきます。

　※事前準備として、ダウンロードデータの8章に格納されている「work」フォルダをPCのCドライブ直下に格納してください。動作環境はWindowsを想定しています。環境が異なる場合は、皆さんの環境に合わせて読み替えてください。

　まずはWebページを表示する方法を見てみましょう。ダッシュボードにWebページオブジェクトがありますので、それを使って秀和システムのWebサイトを表示してみます。

　Tableau Publicを新しく開きます。既に開いている場合は、メニューのファイルから「新規」を選択します。Microsoft Excelをクリックし、「PC」→「Windows (C:)」→「work」と辿って「ハイパーリンク設定一覧.xlsx」を開きます。

■図：ハイパーリンク設定一覧を開く

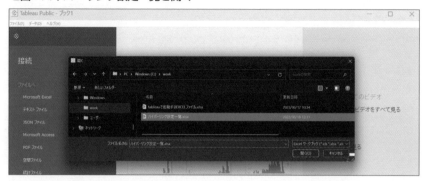

　画面が切り替わったら、左下にある「シート1」の2つ右にあるアイコン(新しいダッシュボード)をクリックします。ダッシュボード1が作成されます。

■図：新しいダッシュボードの作成

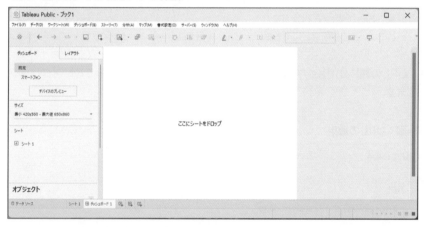

　「シート1」を「ここにシートをドロップ」のエリアにドラッグ＆ドロップしたら、画面左下にある「オブジェクト」の中から「Webページ」を見つけてください。

■図：Webページオブジェクト

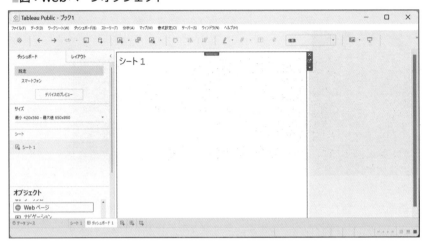

　Webページオブジェクトをダッシュボードにドラッグ＆ドロップすると、「URL
の編集」画面が表示されます。
　※ドロップする場所はどこでも構いません。本書ではシート1の上側でドロップしています。

　URLの欄に「https://www.shuwasystem.co.jp/」を入力してOKをクリック
します。

■図：URLの編集

　ダッシュボードにWebページが埋め込まれ、秀和システムのサイトが表示され
ました。このWebページはダッシュボード上でも操作できますので、少し触って
みましょう。

■■図：Web ページの埋め込み

　Web ページオブジェクトで URL を設定すると、指定した Web サイトを表示できることがわかりました。では次のノックでこの仕組みを応用してみましょう。

Tableau で Excel を起動しよう

※Excel をインストールしていない環境では開きませんのでご注意ください。

　それではノック97を応用して、ハイパーリンクの仕組みを構築してみましょう。Tableau 上で指定した Excel ファイルを URL アクションで開いてみます。

　以下の手順に従って操作してください。

・ノック97で追加した Web ページオブジェクトを ⊠ で削除　※重要
・シート1を選択
・「No」をディメンションに変更して、行に追加
・「Name」を行に追加（「No」の右へ）
・「URL」をテキストに追加
・各項目の幅を適度に修正
・「ダッシュボード1」に戻る

ここまで操作すると、次図のようになります。

🔲図：シート1を設定後のダッシュボード

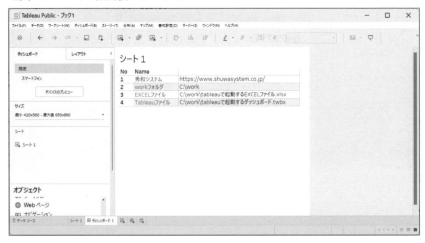

次に、URLアクションを追加します。メニューの「ダッシュボード」から「アクション」を選択してください。

🔲図：メニューのダッシュボードからアクションを選択

アクション画面左下の「アクションの追加」から「URLに移動」を選択します。

■図：アクション画面

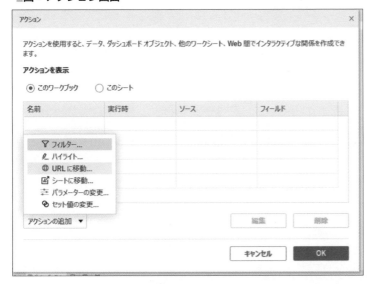

URLアクションの追加画面で以下の通り設定します。

・「名前」を「リンク先を開く」に変更
・「アクションの実行対象」を「選択」に変更
・「URLを入力してください」の右にある「挿入」をクリック
・表示された候補から「Url」を選択
・URL欄に＜Url＞が設定されたことを確認し、OKをクリック

「！このハイパーリンクをクリックすると〜」のメッセージはここでは無視します。

🔲図：URLアクション追加後

　URLアクションの編集画面でOKをクリックしてアクション画面に戻ったら、「リンク先を開く」アクションが追加されていることを確認してOKをクリックします。

図：URLアクション追加後

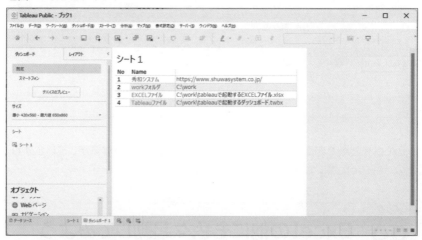

　ではダッシュボードでハイパーリンクを試しましょう。No.3のEXCEL ファイルの行をクリックしてみます。

図：No.3をクリック

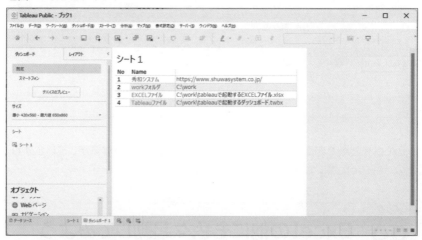

　セキュリティ警告が表示されたら「はい」を選択します。「今後このメッセージを表示しない」にチェックを入れると、今後はこのセキュリティ警告が表示されなくなります。

■図：セキュリティ警告

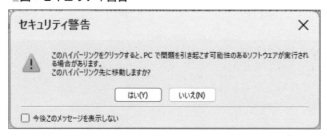

指定したExcelが画面に表示されます。

※Excelがインストールされていない場合は表示されません。

■図：起動したExcelファイル

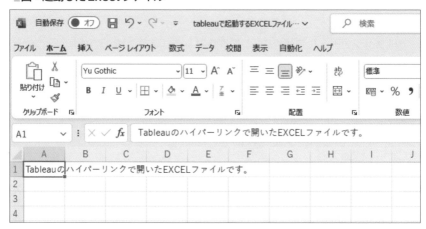

　Excelを起動できることがわかると、他にも色々できそうな気がしてきますね。次のノックで実際にやってみましょう。

ノック 99 Excelの他にも色々起動してみよう

　ノック98でExcelを起動できることがわかりました。ハイパーリンクは他にも用意していますので、順番に見ていきましょう。まずはノック97と同様、秀和システムのWebページを表示してみます。

シート1でNo.1の秀和システムを選択します。

図：Webページの表示

　秀和システムのWebサイトがブラウザで表示されます。ブラウザの種類は皆さんの環境次第です。続いてNo.2のworkフォルダを選択してみましょう。

図：セキュリティ警告

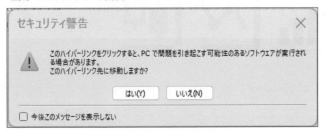

　workフォルダがエクスプローラで表示されましたね。さらに、No.4のTableauダッシュボードリンクも開いて見ましょう。セキュリティ警告が表示される場合は同様に対応してください。

　　　　　　　※Tableau Desktopがインストールされていない場合は表示されません。

図：workフォルダ表示

図：Tableauダッシュボードの表示

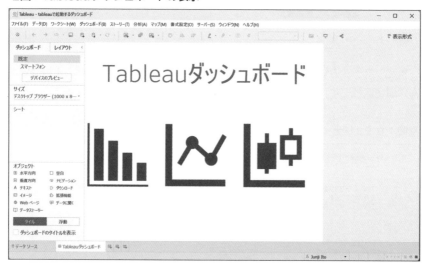

　あらかじめ作成したTableauダッシュボードイメージのファイルを起動できました。今回はここまでにしますが、他にも様々な種類のファイルを開くことができます。Tableauのハイパーリンクを使ってローカルのアプリを開くことができるなら、Tableauの可能性が色々と広がりそうですね。最後のノックで少し考えてみましょう。

ノック 100 さらに発展させる仕組みを考えてみよう

最後のノックはTableauの操作は行いません。機能を応用して可能性を広げるということについて一緒に考えてみましょう。

Tableauは可視化・集計をしてくれるものであって、新しいデータを入力できるものではありません。入力データは他で用意されるという前提があり、Tableauの役割を明確にしています。この入力データを作る部分がしっかりしていればよいのですが、そうでない場合もあると思っており、そのようなケースでExcel利用という選択肢を考えてみました。

なぜExcelなのかというと、大半の組織で既に使われており、インターネット接続が許可されていない組織でも利用できる点で強みがあるためです。

まずはよくある構成を見てみましょう。

■図：一般的な構成

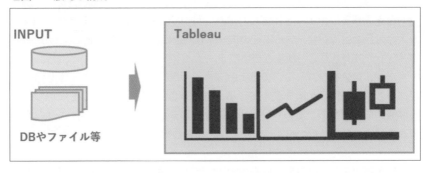

INPUTデータにTableauで接続して可視化する流れです。可視化をもとに分析を行いますが、その分析結果はどこに行くのでしょうか。基本的には分析レポートとして資料に載せるのだと思いますが、分析を行う流れとしてはとても自然です。

一方で、この分析が運用の流れで細かく使われる場合、分析結果をその場で書き込んでいきたいこともあると思います。例えば複数のメンバーで顧客分析を行っている場合に、ターゲットとなった顧客に関するコメントを記入するケースが考えられます。

　このとき、結果を入力できるアプリなどが既に用意されていればよいのですが、それが無い場合にはExcelでやりたいという話が浮上してくるのです。

　その場合の構成を考えてみましょう。

■図：Excelを連携させる構成

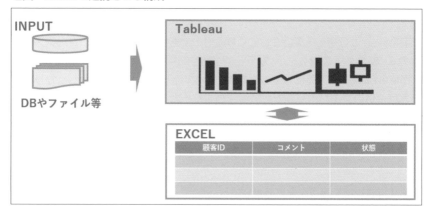

　ノック98でExcelファイルを直接起動できることがわかりましたので、コメントを記入するファイルを用意しハイパーリンクで開けるようにします。コメント入力をExcelで行い、さらにそのデータをTableauのINPUTとしてしまえば、コメントを共有することができそうです。

　ただし、複数メンバーでこのExcelファイルを同時に操作できないという欠点があります。普段Excelを使っている人はご存じかと思いますが、Excelファイルは最初に開いた人がそのファイルをロックしてしまい、後から開いた人は保存できません。これはExcelの「ファイル共有」をしても解消されないようです。

　それを解消するための案として、Excelマクロを使うパターンを考えてみましょう。Excelマクロとは、VBAというプログラミング言語で記述されたプログラムで、決められた動きであれば自動化することができます。

　その場合の構成を考えてみましょう。

図：Excelマクロを連携させる構成

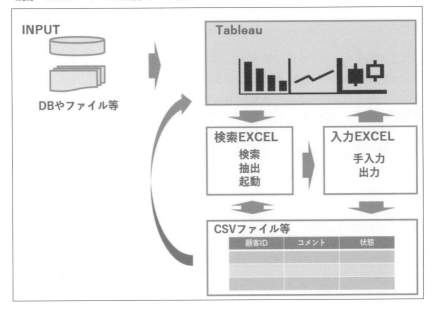

大分マニアックな構成になりました。中身は次のようになります。

作業者：Tableauで検索Excelファイルを起動
　　　　検索Excel上で顧客IDなどを入力し、検索実行（マクロ実行）
マクロ：CSVファイルから対象データを抽出し、入力Excelを起動して
　　　　対象データを画面表示
作業者：入力Excel上でコメントを入力し、登録実行（マクロ実行）
マクロ：CSVのデータを更新して入力Excelを閉じる

　CSVファイルをTableauのINPUTにすれば完成です。Excelマクロを書く必要はありますが、これなら複数のメンバーで作業してもデータをロックすることはなくなりそうですね。

　以上で最後のノックは終了です。ここでの話は必ずしも取り入れるべきものではなく、実際は使わないことがほとんどだと思います。それでも、セキュリティが厳しく縛られた環境下で利用する方に向けて仕組みを提案してみました。しっかり考えれば、Tableauの可能性はもっともっと広がっていくと思います。

　発展編では可視化の引き出しを増やし、さらに運用と応用、そしてパフォーマンス対策にも触れてきました。ここまでくればTableauをマスターした人と思われても、きっと大丈夫ですね。

おわりに

BIツール100本ノック、如何でしたか？

　第1部のTableau Publicの基本的な操作に始まり、第2部ではデータ分析、第3部ではダッシュボード作成をテーマにノックを行ってきました。さらに第4部では、3部までに取り扱えなかったグラフや機能に触れることで、技術の幅を広げていただきました。他の100本ノックシリーズ同様に、本書で紹介した方法が最善ではありませんので、ぜひいろいろと自主練習に挑戦してみてください。また、各部や各章では多様なデータを用意しており、いろんなデータに向き合うきっかけになったのではないかと思います。

　本書を終えた皆さんは、分析からダッシュボード作成までのデータ分析プロジェクトの中でどのようにBIツールを使っていけば良いのかのイメージが明確になったのではないでしょうか。BIツールの使い方のイメージが湧くようになったということは、単純な操作方法を習得しただけではありません。それは課題に対してBIツールを駆使して向き合っていく方法を身に付けたことにほかなりません。

　皆さんにとっては、本書を終えたことがゴールではありません。これからは、最前線で戦うデータサイエンティストとして、自分たち独自の課題に向き合いBIツールを活用しながら課題解決に繋げていってください。BIツールはあくまでもツールです。そしてツールを使うのはあくまでも人間なのです。そこに正解はありませんし、何パターンも方法はあるでしょう。特にデータ分析プロジェクトは、様々な視点が生まれやすく、不安になることもあります。そんな時は、本書で学んだBIツールを扱うスキルを駆使してたくさんのグラフを作成し、ぜひいろんな人とコミュニケーションをしてみましょう。そういったコミュニケーションの中でデータ以上の大きな発見が待っています。データで語れることは一流の証ですが、データを加味した上で人間の心を動かすことが超一流のデータサイエンティストだと思っています。向き合う先は、データではなくあくまでも課題や人間であることを忘れないようにしましょう。今度は、データサイエンティストの仲間として、皆さんと現場でお会いできることを楽しみにしています。

　本書の執筆にあたり、多くの方々のご支援をいただきました。本書の査閲に関しては、伊藤壮さんにご協力いただきました。そしてプロジェクトをご一緒してくださっている皆さまには、現場の声を聞かせていただくとともに、普段から一緒に考え、作り上げていくことがどれほど有効かということを教わりました。そして最後に、本書出版にあたって、株式会社Iroribiの社員やパートナーの皆さんのご尽力とご家族の皆様のご理解、ご協力により完成することができました。心より感謝申し上げます。

索 引

本書サポートページ

- ●秀和システムのウェブサイト
  https://www.shuwasystem.co.jp/

- ●本書ウェブページ
  本書の学習用サンプルデータなどをダウンロード提供しています。
  https://www.shuwasystem.co.jp/support/7980html/7055.html

Tableau Public実践 BIツール データ活用100本ノック

発行日	2023年 8月 6日		第1版第1刷

著者　下山　輝昌／伊藤　淳二／武田　晋和／
　　　髙本　直矢／中村　智

発行者　斉藤　和邦
発行所　株式会社　秀和システム
　　　　〒135-0016
　　　　東京都江東区東陽2-4-2　新宮ビル2F
　　　　Tel 03-6264-3105（販売）Fax 03-6264-3094
印刷所　三松堂印刷株式会社　　　　Printed in Japan

ISBN978-4-7980-7055-1 C3055

定価はカバーに表示してあります。
乱丁本・落丁本はお取りかえいたします。
本書に関するご質問については、ご質問の内容と住所、氏名、
電話番号を明記のうえ、当社編集部宛FAXまたは書面にてお送
りください。お電話によるご質問は受け付けておりませんので
あらかじめご了承ください。